资助项目：（1）云南省农业基础研究联合专项（202101BD070001-056）
（2）西南林业大学风景园林科研预研基金

锈菌重寄生菌基因组学与天然产物

李　靖　马长乐　著

中国林业出版社

图书在版编目（CIP）数据

锈菌重寄生菌基因组学与天然产物 / 李靖, 马长乐著. -- 北京: 中国林业出版社, 2023.5
ISBN 978-7-5219-2162-5

Ⅰ. ①锈… Ⅱ. ①李… ②马… Ⅲ. ①锈菌目－研究
Ⅳ. ①Q949.329

中国国家版本馆CIP数据核字(2023)第046222号

责任编辑：樊　菲

出版发行：中国林业出版社
（100009，北京市西城区刘海胡同 7 号，电话 83223120）
电子邮箱：cfphzbs@163.com
网址：www.forestry.gov.cn/lycb.html
印刷：北京中科印刷有限公司
版次：2023 年 5 月第 1 版
印次：2023 年 5 月第 1 次印刷
开本：710mm×1000mm 1/16
印张：9.75
字数：164 千字
定价：48.80 元

目录

1 概　论

1.1　植物锈病与重寄生菌概述

1.1.1　锈病危害及防治

1.1.1.1 锈病危害

植物锈病是植物常发生的一种真菌病害，每年都会给全球农林业造成重大经济损失。由于锈病是由专性寄生的锈菌引起的，所以相较其他植物病害防治更为困难。锈病对大多数农作物都有危害，多见于禾谷类作物、豆科植物等，造成感病品种大面积减产。如分布于云南、广西、海南等地的玉米南方锈病，是一种爆发流行的毁灭性病害，发病中度的田块减产10%～20%，感病较重的达50%以上，部分田块可能绝收。小麦条锈病是发生在小麦上的主要病害，一般减产都在10%～40%，不仅危害冬麦，而且危害春小麦，给农户造成重大经济损失。林木锈病同样危害严重，杨树叶锈病是一种全球性病害，危害多种杨树品种和无性系。有关研究证明，青杨（*Populus cathayana*）锈病严重发生可使杨树干重减轻29%～32%，材积减少31%～42%，生长量下降65%。球花石楠（*Photinia glomerata*）为西南特有树种，于20世纪90年代引种到云南省作为观赏绿化树种，具有一定的绿化、观赏价值，现已被列为云南省城市重点绿化苗木。但近年来，石楠叶锈病自然发病率较高，对幼树的生长发育造成严重影响，已经成为西南地区最主要的苗圃病害之一。

五针松疱锈病也是一种重要的林木锈病，最早起源于亚洲，发生在西伯利亚红松（*Pinus sibirica*）上，其后传入欧洲。该病在19世纪后期传入美国，随后10多年间迅速蔓延，几乎使美国境内广泛分布的北美白松（*P. strobus*）毁于一旦。此外，加拿大、英国、法国等国家的人工松林均受到严重影响。1956年，该病在我国辽宁草河口林场首次被发现，如今已蔓延至全国多地，在黑龙江、辽宁、吉林、内蒙古、河南、河北、安徽、山东、湖北、四川、陕西、甘肃、云南、贵州等省（自治区、直辖市）均有分布。其中，以云南、四川、陕西3省的华山松疱锈病和东北林区的红松疱锈病危害最为严重。

茶藨生柱锈菌（*Cronartium ribicola*）是五针松疱锈病的病原菌。主要危害五针松中幼林，导致受害五针松树高生长、径围生长和材积量明显下降，当病部溃疡斑环绕树干周长一半以上时造成枝干枯萎，最终导致整株死亡。红松是我国东北三省水源涵养林和用材林的主要树种，华山松是我国西南地区荒山造林和用材林的主要树种，而且，我国的红松和华山松林多为人工纯林，很容易受到五针松疱锈病的危害。如华山松疱锈病仅在云南的发病面积已超过6000hm^2，尤其在大理、昆明东川区、会泽、巧家等地发病率和病情指数较高，对长江防护林体系的建设和西部生态环境的恢复造成了严重的威胁。

1.1.1.2 防治措施——从病害控制到营林及遗传选育

五针松疱锈病是广泛分布于亚洲、欧洲和北美洲的世界林木病害，其防治也一直广受关注。在过去100年中，对疱锈病的管理及研究的相关做法和观点也出现了较大的变化。

在北美洲，自发现疱锈病的毁灭性危害以来，鉴于数种北美白松巨大的经济价值，林业工作者迅速启动控制茶藨生柱锈菌（*Cronartium ribicola*）的防治措施，如检疫、根除、营林及遗传育种。截至目前，营林和遗传育种仍然是管理白松重要的手段。分子生物学方法帮助鉴定宿主和病原菌的系统发育、系统学和生物化学。Schwandt等对北美西部白松的现状、管理和未来发展前景进行了综述，并对此进行了保护、保存和恢复的探讨。目前，对于五针松疱锈病的防治措施主要包括预防和隔离、病害控制、森林管理、遗传育种等。

严格的检疫，可以有效地防止有害生物的入侵。为防止病害的入侵，五针松疱锈病已被多国列为检疫对象。目前，对该病的检疫方法有症状学、病原学、组织化学染色、植物显微化学法等。因此，在保护森林免遭外来入侵物种危害时，监管和研究仍然是重要的国家职责。

由于早期的研究并未能控制锈病的蔓延，对病害的控制开始转向对其转主寄主茶藨的消除，主要采用的是机械铲除和化学防治的方法，其目标是使商业白松免受接种体的感染。早在 1917 年，美国农业部就起草了相关法案，在东北各州通过根除野生茶藨来控制植物锈病。但是由于茶藨种群丰富且分散，该方法要耗费大量的人力和物力，但是有针对性地根除转主寄主，对保护白松幼苗种植园还是有一定经济价值的。化学杀菌剂的使用一直是防治锈病的主要方法，Moss 等早在 1960 年就宣布，放线菌酮 BR 和类似的杀菌剂能杀死疱锈病菌，但对白松宿主不产生严重的伤害。利用直接基础喷雾或空中树冠喷雾的方法可保护幼苗。虽然进行了很多次田间试验和毒性研究，但是其毒性试验结果和治疗成本并未公布。Viche 等于 1962 年在爱达荷州进行了 6500hm^2 的杀菌剂喷雾治疗，其成本为每公顷 4.00 美元。虽说这样的治疗费用被认为是可以接受的，但其对寄主植物的伤害性结果是不可靠的。后期大量的实验数据和长期的观察结果发现，最初的结论可能和众多自然过程相关，而杀菌剂实际上是无效的，因此对此类杀菌剂的研究和使用就此暂停。

在先后应用铲除转主寄主、化学防治等方法均无明显防效的情况下，五针松抗病育种工作取得了较为显著的成效。美国林务局于 20 世纪 50 年代就开始了五针松抗疱锈病的育种工作。他们早期的工作主要是从野外选出抗病树种，对其进行人工授粉以获得种子，或者从表现抗病的树上采集枝条嫁接到后代植株上以获得抗病植株。后来，美国制定了以林分选择为基础，以个体选择为主体的抗病育种策略，建立了一批抗病品系的种子园，并在生产上进行了一定的推广。

由于五针松的抗病性在自然界中呈多元发生，需要经过几代育种才能获得稳定的抗病后代，因此，种间杂交在目前不是唯一有效的育种方法。Kriebel 提出应进一步弄清寄主和病原菌的相互作用的分子机理、应用微繁殖技术获得优良树种以及通过转基因技术获得抗病五针松树种。

借鉴国外抗病育种经验，培育适合在我国生长的抗病五针松是解决我国疱锈病危害的重要途径。但是，我国在五针松抗病育种方面的研究尚属空白。目前，迫切需要解决的问题是了解我国五针松对松疱锈菌的抗性反应，弄清病原菌与寄主的相互作用关系，研究抗病植物抗疱锈病的分子机理以及筛选抗性基因。

1.1.2 重寄生菌与寄生机制

1.1.2.1 重寄生菌概述

重寄生现象（mycoparasitism）是指一种真菌寄生在另外一种真菌上的生活方式，寄生的真菌称为重寄生菌（Mycoparasite），被寄生的真菌称为寄主菌。根据化石证据，这种生活方式可以追溯到至少 400 万年前。当寄主菌为植物病原菌的时候，寄主植物 – 病原菌 – 重寄生菌三者之间通过营养关系形成了一条特殊的食物链，利用重寄生菌的自然调控作用来控制病原菌，就为植物病害的生物防治提供了一种策略。重寄生菌作为生物防治剂，具有特异性、活性可调控、对环境无毒等优点。

1.1.2.2 重寄生菌的生物防治应用

自从发现木霉菌（*Trichoderma* spp.）能寄生多种土传植物病原真菌之后，众多学者开展了重寄生菌的分离筛选工作，陆续发现了许多植物病原真菌的重寄生菌。在植物病害生物防治中具有应用前景的重寄生菌有木霉菌（*Trichoderma* spp.）、锈生座孢属（*Tuberculina* spp.）、白粉寄生孢（*Ampelomyces quisqualis*）、头状茎点霉（*Phoma glomerata*）、念珠镰刀菌（*Fusarium moniliform*）、绿粘帚菌（*Gliocladium virens*）、寡雄腐霉（*Pythium oligandrum*）等。

木霉菌多用于植物土传病害的生物防治，主要进行种子处理和土壤处理。在种子处理中，其以包衣为主；在土壤处理中，其与肥料混用形成各种绿肥和堆肥。木霉菌的利用已由以前单一的分离筛选到目前有目的的研发商品制剂，哈茨木霉、绿色木霉、多胞木霉等均已被研制成木霉菌制剂。李良等利用哈茨木霉（*Trichoderma harzianum*）防治茉莉白绢病；邢云章等用绿色木霉菌（*Trichoderma viride*）防治人参根腐病等。

白粉寄生孢和头状茎点霉均能寄生在白粉菌上。白粉寄生孢目前已经作为商品制剂用于葡萄白粉病（*Uncinula necator*）及其他白粉病的防治。例如，曾令芬等曾用从多种植物白粉病菌上分离得到的白粉寄生孢来防治作物的白粉病；Jarvis 等用白粉寄生孢防治温室中的黄瓜白粉病；Angeli 等用白粉寄生孢防治草莓、黄瓜白粉病，并对其作用机制进行了研究。

锈菌的重寄生现象在自然界发生得较为普遍，对控制锈病的危害起到一定的作用，研究较多的锈菌重寄生菌有锈生座孢（*Tuberculina* spp.）、镰刀菌（*Fusarium* spp.）、锈菌寄生孢（*Sphaerellopsis* spp.）、枝孢（*Cladosporium* spp.）、枝顶孢（*Acremonium* spp.）等。

目前，相关研究主要停留在重寄生菌的发现、鉴定、重寄生现象及效果观察等方面，实际应用其控制植物锈病的报道很少，而对其抗病机理尤其是抗病分子机制的研究则更是鲜有报道。国外曾在 20 世纪 30—80 年代对五针松疱锈病菌重寄生菌及其生物防治作用进行过研究，先后报道了紫霉菌（*Tuberculina maxima* Rost）对松瘤（*Endocronartium harknessii*）、茶藨生柱锈菌（*Cronartium ribicola*）、油松疱锈（*C. coleosporioides*）、松针叶锈（*C. comptoniae*）的寄生。该重寄生菌曾被用于控制白松疱锈病，1976 年，Hiratsuka 报道了白松疱锈病溃疡斑上的紫色霉菌能抑制锈子器和锈孢子的产生，在太平洋沿岸地区使得 14% 的树木获救；后来 Hungerford 也报道由于此紫色霉菌的存在使得 33% 的致命型溃疡斑受到抑制，使得 12% 的感病美国西部白松得救。但 Phillips 在用其控制白松疱锈病时却未获得成功，用该菌大量接种白松后反而引起白松感病。研究发现，该菌实际上是白松的一种弱寄生菌，菌丝从疱锈菌锈子器发生处侵入寄主植物使寄主植物细胞死亡，导致专性寄生锈菌无法生长而抑制锈孢子的产生和锈病溃疡斑的扩展。这种紫色霉菌对锈病的抑制作用是以伤害寄主植物细胞为代价的，因而导致防治失败。国内对五针松疱锈病菌重寄生菌及其生物防治作用的研究起步较晚，研究报道也不多。杨斌等从华山松疱锈病原菌上分离到一株枝顶孢重寄生菌；后来马建鹏等利用该重寄生菌防治华山松疱锈病，通过与营林防治技术及松焦油、泥敷相结合可使华山松疱锈病治愈率达 91.39%。陈玉惠等从华山松疱锈病锈孢子堆和锈子器上分离获得 6 种对锈孢子有伤害作用的华山松疱锈病菌重寄生菌，发现其对锈孢子的作用方式有两种：一是产生胞壁降解酶破坏锈孢子的细胞壁，使锈孢子碎裂；二是产生毒素类物质使被作用的锈孢子严重变形，内含物浓缩，但锈孢子壁不破裂，经台盼蓝染色证实锈孢子死亡。进一步的研究发现，其中一株重寄生菌——深绿木霉 SS003 菌株对锈孢子有很强的寄生作用，在寄生松疱锈菌时能通过产生胞壁降解酶破坏锈孢子和夏孢子，采用 SS003 菌株的液体培养物（菌体及培养液混合物）进行野外防治试验，结果显示其平均防治效果可达到 74%，而且持续防治效果也较好，但是大规模推广应用还存在很多现实的问题。

1.1.2.3 重寄生菌寄生机制研究进展

（1）胞壁降解酶研究进展

锈菌的重寄生现象在自然界较为普遍，在植物锈病的自然控制及生物防治中占有重要地位。重寄生菌寄生病原菌后，不仅利用病原菌的营养物质促进自身生长，还能产生对病原菌有害的次生代谢产物。对于重寄生的机制的研究，目前认为主要包括酶和毒素两方面。酶的研究以真菌细胞壁降解酶为主，其中又以几丁质酶和 β- 葡聚糖酶研究较多。几丁质酶因为重要的生物技术应用而受到广泛的关注，丝状真菌来源的几丁质酶具有广泛的多样性和复杂的生物学功能。真菌平均含有 10~25 种不同的几丁质酶，随着真菌基因组测序技术的发展，几丁质酶的多样性和功能被逐步揭示。

真菌的几丁质酶属于糖苷水解酶 18 家族（GH18），该家族可被进一步分为 A、B、C 3 个亚类。亚类 A 一般不含碳水化合物结合元件（CBMs），亚类 B 通常在其 C- 末端含有 1 个碳水化合物结合元件，所有的亚类 C 几丁质酶都含有多个碳水化合物结合元件。碳水化合物结合元件使得酶能有效地接触不溶性的底物并产生催化作用。重寄生木霉的几丁质酶属于亚类 B 和 C。腐生的里氏木霉只有 4 个亚类 C 几丁质酶，重寄生深绿木霉和绿木霉分别含有 9 种和 15 种几丁质酶，表明这些酶可能和重寄生过程有关。

其他家族的糖苷水解酶，如里氏木霉中的纤维素酶，主要在转录水平上被协同调节，和深绿木霉中的亚类 C 几丁质酶有相似的表达模式。当深绿木霉寄生在寄主菌灰葡萄孢（*Botrytis cinerea*）上时，所有的基因都被诱导表达；当深绿木霉寄生在寄主菌立枯丝核菌（*Rhizoctonia solani*）上时，这些基因均不被诱导表达。相应的，灰葡萄孢的细胞壁均可诱导这些基因的表达，而立枯丝核菌的细胞壁不能诱导这些基因的表达。纤维素酶主要参与底物的降解而获取营养，而几丁质酶在真菌生物学中具有多样的生物学功能。几丁质酶参与了外源几丁质酶的降解，在重寄生过程中，参与了细胞壁的降解。同时，几丁质酶在真菌生活史中也具有重要的作用，如参与了细胞壁的重建、循环、菌丝的分枝及融合等。因此，几丁质酶的功能既包含了真菌菌落形成过程中的形态发生作用，又包含了为获取营养而降解外源几丁质的作用。但是，截至目前，不同的几丁质酶在发挥这些功能时是如何分工的还没有研究清楚。如过量表达几丁质酶基因 Chit42 的绿色木霉转化株对立枯丝核菌的生物防治效果更好；过量表达几丁质酶基因 Chit33 的哈茨木霉转化子能有效抑制立枯丝核菌的生长。

但是 Carpenter 等认为重寄生是一个复杂的生物学过程，寄主菌和重寄生菌中特异的代谢途径可能参与了此过程，因此，除了上述研究的胞壁降解酶外，其他一系列基因可能也参与了此过程。他们利用消减杂交的方法研究了生物防治剂钩状木霉（*T. hamatum*）对菌核病菌（*Sclerotinia sclerotiorum*）重寄生过程中参与的基因，发现和对照钩状木霉相比，重寄生过程中有 19 个新的基因的表达量增加。测序结果显示，部分基因功能和前人研究结果相似，但是有 3 个单氧酶、1 个金属内肽酶、1 个葡萄糖酸脱氢酶、1 个核酸内切酶及质子 ATP 酶可能也参与了此过程。Vasseur 等也曾报道，哈茨木霉在对立枯丝核菌重寄生过程中除胞壁降解酶外，一种氨基酸透性酶的表达量也明显增加。

（2）毒素研究进展

一些重寄生菌在未穿透寄主真菌时就能使其死亡，研究表明这些重寄生菌能分泌有毒的小分子代谢产物——毒素。

对于锈菌重寄生菌所产毒素的研究报道较少，目前多从重寄生菌对植物病原菌能产生很强的拮抗作用来推测其所产毒素的存在。苑健羽等在对落叶松褐锈病菌的重寄生菌的研究中发现，用锈寄生菌的发酵液处理病原菌的夏孢子和冬孢子与锈寄生菌活体直接处理夏孢子和冬孢子后所表现的孢子褪色和变形现象相同；高效液相色谱分析发酵液发现有 3 个特征性吸收峰。高克祥等将哈茨木霉 T88 菌株和深绿木霉 T95 菌株与杨树烂皮病菌金黄壳囊孢（*Cytospora chrysosperma*）和杨树水泡溃疡病菌聚生小穴壳菌（*Dothiorella gregariasace*）平板对峙培养，有抑菌带产生，镜检发现病原菌的菌丝断裂、原生质浓缩或变得稀薄。用木霉毒素原液做成培养平板并接种两种病原菌，发现病原菌的生长受到抑制，菌丝干重降低；该毒素原液经高温处理后仍表现出很强的活性，说明此非挥发性毒素物质具有热稳定性。黄丽丹等对茶藨生柱锈菌的重寄生拟盘多毛孢的粗毒素的基本性质进行了研究，推测其为大极性的小分子化合物，稳定性较强。至于这些毒素是什么物质、分子结构如何、在重寄生菌侵染过程中起什么作用，尚未见相关报道。

1.2 常见重寄生菌及应用

1.2.1 重要的生物防治剂——木霉

目前，生物防治剂的重要作用已被广泛认可，在一些情况下，其甚至取代了化学防治剂的作用。真菌来源的生物防治剂获得广泛关注是由于其在植物病害控制方面具有广谱抗菌性的特点。在这种情况下，很多研究者对木霉属真菌的生物防治作用进行了研究，使其成为众人瞩目的焦点。因此，木霉成为迄今为止生物防治菌中研究最深入、应用开发最多的一类真菌。

据统计，木霉来源的生物防治剂几乎占了 50% 的市场份额。已知木霉菌至少对 18 个属 29 种植物病原真菌具有拮抗作用。目前，已有多种木霉制剂被生产，它们主要用于植物土壤传播病害和灰霉病、霜霉病、白粉病等叶部病害及果实腐烂病病害的防治。在农业上，应用最成功的重寄生菌生物防治剂是深绿木霉和绿色木霉。但木霉在植物锈病上的寄生和生物防治作用除本课题组的报道外，至今尚未见其他任何相关报道。

木霉作为一类重要的生物防治剂用来防治植物真菌病害，主要基于以下两种机制：一是间接作用，包括营养和空间竞争、改变环境条件、促进植物生长、引发植物反应来抑制植物病原菌的生长；二是直接作用，如通过重寄生作用杀死植物病原菌。上述两种作用可能共同起作用，生物防治效果取决于木霉菌株、病原菌及寄主植物。重寄生是一种真菌对另外一种真菌的直接作用，是一个非常复杂的生物学过程，包括识别、穿透和营养获取，通过上述方式杀死寄主菌。木霉在重寄生过程中会诱导产生一系列胞壁降解酶，诱导方式特别。目前，木霉被认为可连续分泌低水平的几丁质酶，几丁质酶在降解真菌细胞壁时会释放出低聚物，低聚物作为诱导子诱导几丁质酶的大量表达，木霉对病原菌的作用才真正开始。

目前，对木霉所产胞壁降解酶的研究较多，种类有几丁质酶类、葡聚糖酶类、蛋白酶类、纤维素酶类等，普遍具有诱导性、多样性和分泌性等特点。几丁质酶和 β- 葡聚糖酶是胞壁降解酶中研究最多的，它们具有水解几丁质和 β-1,3- 葡聚糖的活性，对具有几丁质 – 葡聚糖复合结构的植物病原菌细胞壁有强烈的水解作用，因此具有很强的抑菌作用。基因组测序结果也显示，和其他丝状真菌相比，重寄生木霉中编码几丁质酶的基因数量要多得多。现有的研究还发现，多数情况下，同一个重寄生木霉可产生多种不同类型的几丁质酶和葡聚糖酶，而且大多数菌株产生的几丁质酶和 β- 葡聚糖酶具有不同的生化性质、抗菌活性和抗菌谱；同类酶间，不同类酶间，酶与某些抗生素、杀菌剂间，具有协同增效作用。此外，有研究通过转基因技术证明木霉来源的几丁质酶与植物、细菌和其他真菌来源的几丁质酶相比，具有更高的抑菌活性。因此，木霉来源的几丁质酶和 β- 葡聚糖酶基因目前已成为植物抗病分子育种和工程菌研究中最具吸引力的抗病基因资源。

1.2.2 天然产物宝库——拟盘多毛孢菌

拟盘多毛孢属（*Pestalotiopsis*）真菌有广阔的分布范围，存在于植物体内的大部分是腐生菌，小部分为内生菌和病原菌。被报道的多为内生拟盘多毛孢属真菌，被认为是自然界中拟盘多毛孢属群落的一个主要组成部分。多数内生拟盘多毛孢是从热带和亚热带地区的植物上分离得到的。

拟盘多毛孢属真菌是研究代谢产物的一个巨大宝库，从其中分离得到的次生代谢产物，不仅结构新颖性高，而且大多数化合物具有抗肿瘤、抗菌、抗艾滋、抗氧化、抗高血压等生物学活性，对人类生活及生产实践具有重要的意义。近年来，从拟盘多毛孢属真菌中分离得到的化合物种类包括生物碱类、萜类、醌类和半醌类、酯类、环肽、香豆素类和异香豆素类、色酮类、酚类及酚酸类，以及其他结构新颖的化合物，图 1-1 和图 1-2 所示为具有活性的生物碱类及萜类活性化合物，这些化合物中很多具有潜在的应用前景。

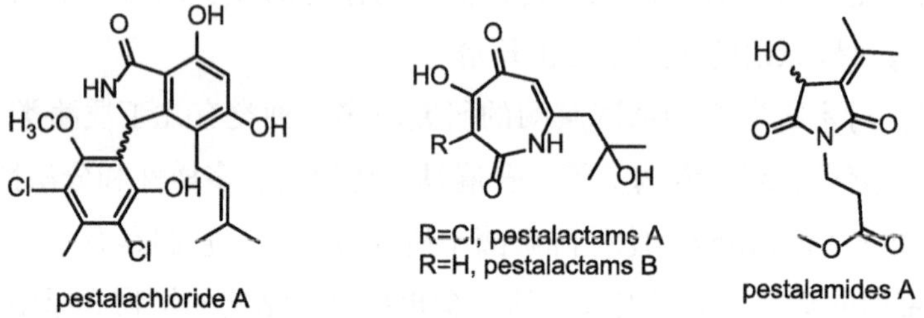

pestalachloride A
R=Cl, pestalactams A
R=H, pestalactams B
pestalamides A

图 1-1　拟盘多毛孢中生物碱类活性化合物

6-hydroxypunctaporonin B
6-hydroxypunctaporonin E
chloropestolide A
pestaloficiols A
pestaloficiols D
pestaloficiols B
pestaloficiols G
pestaloficiols H
pestaloficiols J
pestaloficiols K
pestaloficiols L
taxol

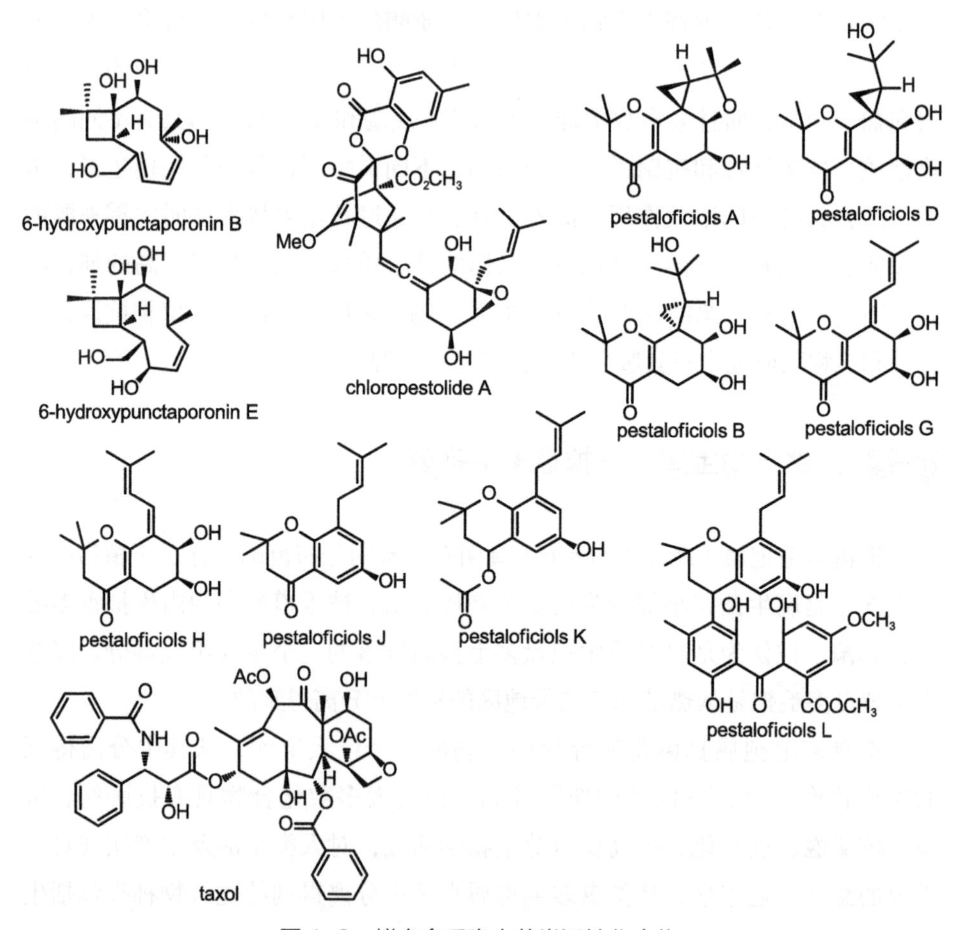

图 1-2　拟盘多毛孢中萜类活性化合物

Davis 等从 1 株内生拟盘多毛孢中分离得到了 3 个新的酰胺类化合物，对疟原虫（*Plasmodium falciparum*）、人乳腺癌细胞 MCF-7 和 NFF 的生长具有一定的抑制作用。Liu 等从 1 株内生的无花果拟盘多毛孢（*Pestalotiopsis fici*）的次生代谢产物中分离得到了一系列的萜类化合物，能抑制 HIV-1 在 C188 细胞中的复制。Li 等从内生小孢拟盘多毛孢（*Pestalotiopsis microspora*）中分离得到具有抗肿瘤活性的紫杉醇。

Ding 等从地衣中分离得到 1 株拟盘多毛孢，从中分离获得 1 个 ambuic acid 及 6 个衍生物，这 7 个化合物都具有半醌结构（图 1-3），抗菌活性测定发现化合物 1 和化合物 2 对金黄色葡萄球菌（*Staphylococcus aureus*）具有较强的抑制作用。ambuic acid 最早是从一种热带雨林植物的内生拟盘多毛孢和盘单毛孢（*Monochaetia* sp.）中分离得到的具有抗菌活性的化合物。

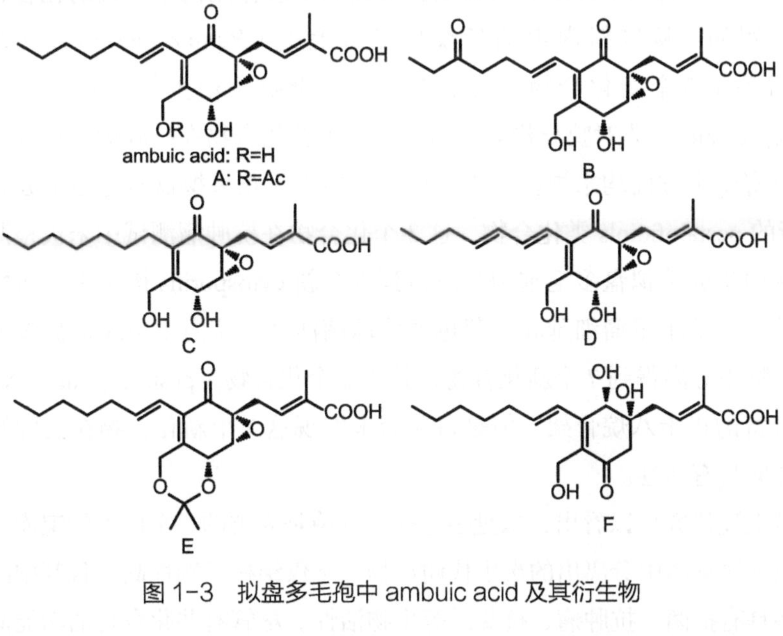

图 1-3　拟盘多毛孢中 ambuic acid 及其衍生物

Gary 等从内生小孢拟盘多毛孢中分离得到具有抗氧化活性和抗真菌活性的酯类化合物 Isopestacin；Liu 等从无花果拟盘多毛孢中分离得到的 chloropestolide A 对肿瘤细胞 HeLa 和 HT29 有很强的抑制活性；Ding 等从拟盘多毛孢中分离得到 3 个酯类化合物，分别为 pestaphthalides A、pestaphthalides B 和 pestafolide A，这 3 个化合物都具有较强的抗真菌活性（图 1-4）。

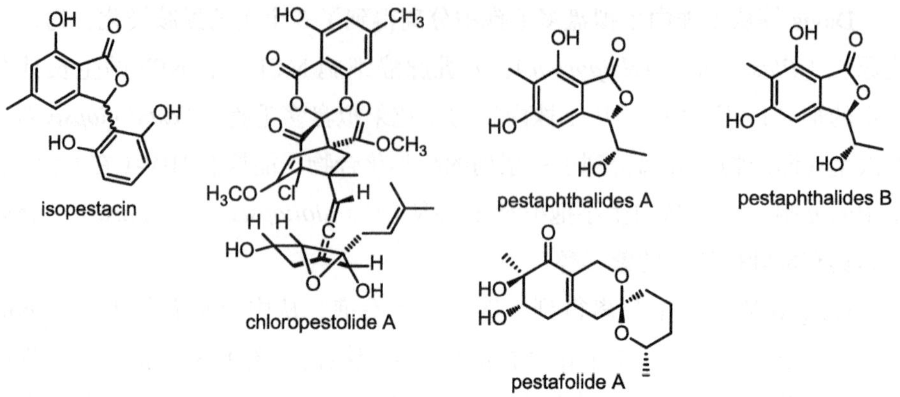

图 1-4　拟盘多毛孢中酯类活性化合物

除了上述活性已经被阐明的新型化合物之外，研究人员还从拟盘多毛孢属真菌中分离到了许多结构新颖但活性和生理作用尚不明确的化合物（图 1-5）。例如：从红树内生的条纹拟盘多毛孢（*Pestalotiopsis virgatula*）中分离得到了 5 个新化合物，其中 4 个为 α- 吡喃酮衍生物，另一个为新的 hydroxypestalotin 非对映异构体，但是这 5 个新化合物在抗肿瘤、抗细菌以及抗人体寄生虫方面均未被检测出活性；从内生无花果拟盘多毛孢中分离得到 3 个新的 pestaloficiols 类化合物，这 3 个化合物在抗肿瘤测试中未被检测出活性；从内生的茶拟盘多毛孢中分离得到 6 个新 cytosporins 衍生物，活性检测均未检测出抗小鼠瘤细胞和金黄色葡萄球菌活性；从内生条纹拟盘多毛孢的发酵产物中分离得到 7 个新化合物，其中 2 个化合物（pestalospiranes A 和 B）具有奇特的正十八烷骨架，但是目前尚未发现这 7 个新化合物在抗肿瘤、抗菌等方面具有活性。

从上述研究可以看出，拟盘多毛孢属真菌是人类的一个巨大的宝库，从拟盘多毛孢属真菌中分离出的次生代谢产物，不仅结构新颖性高，且其中的化合物大多具有抗菌、抗肿瘤、抗艾滋等生物活性。尽管有些化合物的功能尚不明确，但随着研究的深入，其神秘面纱一定能被科学家所揭示。从拟盘多毛孢属真菌中继续寻找具有抗菌、抗肿瘤、抗艾滋等生物活性的化合物是十分重要且必要的。本课题组在进行重寄生菌的分离筛选过程中，发现拟盘多毛孢属真菌也是茶藨生柱锈菌和石楠叶锈病菌很重要的一类重寄生菌。除了本课题组的研究之外，目前还未见锈菌重寄生拟盘多毛孢菌次生代谢产物研究报道。

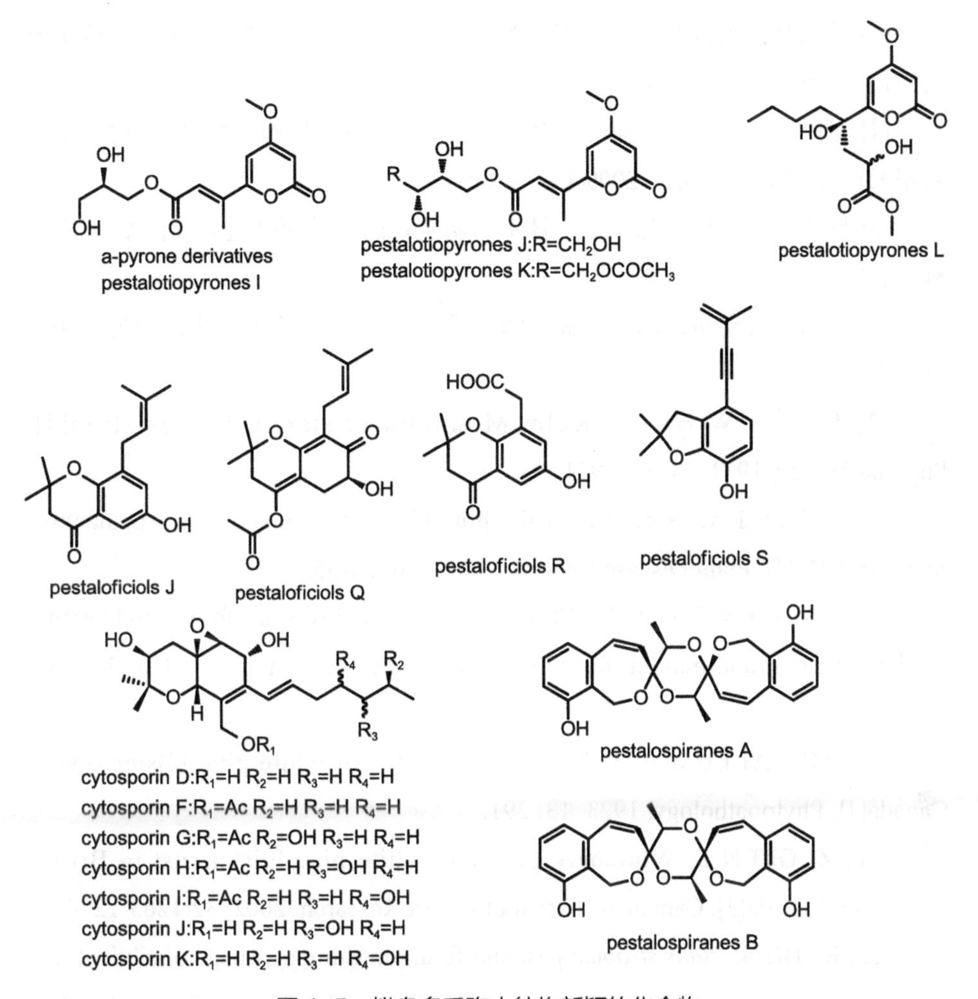

图 1-5 拟盘多毛孢中结构新颖的化合物

参考文献

[1] SHAN Z H, ZHOU X A. The status of soybean rust research in China[J]. Soybean Science, 2006, 25（4）: 438-444.

[2] 田耀加，赵守光，张晶，等. 广州地区鲜食玉米锈病发生动态 [J]. 应用生态学，2013，32（11）：3010-3014.

[3] 吴永升，黄爱花，韦新兴，等. 玉米南方锈病研究进展 [J]. 农业研究与应用，2011（2）：37-39.

[4] 王琳娜，周晓铃，陈艳，等. 小麦条锈病在巴州轮台县发生规律研究初报 [J]. 新疆农业科技，2009（1）：62.

[5] 赵桂华，管斌，刘国华. 林木锈病生物防治的研究进展 [J]. 江苏农业科学，2010（4）：115-116.

[6] 蔡灿，伍建榕. 球花石楠锈病病原物的初步研究 [J]. 北方园艺，2008（1）：208-210.

[7] SNELL W H. The Kelm Mountain blister-rust infestation[J]. Phytopathology, 1931, 21: 919-921.

[8] PIERCE R G. Spread of white pine blister rust in southern Appalachian States in 1941[J]. Plant Disease Reporter, 1942, 26: 54-55.

[9] TOMBACK D F, ACHUFF P. Blister rust and western forest biodiversity: Ecology, values, and outlook for white pines[J]. Forest Pathology, 2010, 40: 186-225.

[10] MCCALLUM A W. The present status of white pine blister rust in Canada[J]. Phytopathology, 1923, 13: 291.

[11] ZEGLEN S. Whitebark pine and white pine blister rust in British Columbia, Canada[J]. Canadian Journal of Forest Research, 2002, 32:1265-1274.

[12] RADU S. *Pinus strobus*: past and future in Europe. A page of silvicultural history and international scientific cooperation[J]. Annals of Forest Research, 2008, 51: 133-140.

[13] 何美军，谭玉凤，吴云鹏. 五针松疱锈病研究进展 [J]. 防护林科技，2007（2）：56-59.

[14] 杨斌. 云南省华山松疱锈病病原研究 [J]. 西南林学院学报，1998, 18（3）：168-174.

[15] 景耀，张星耀，路雅彬. 华山松疱锈病调查研究初报 [J]. 陕西林业科技，1986（1）：30-35.

[16] 杨佐忠，金德强，粟安全. 华山松疱锈病危害损失的研究 [J]. 林业科学研究，1996，9：77-80.

[17] GEILS B W, HUMMER K E, HUNT R S. White pines, *Ribes*, and blister rust: A review and synthesis[J]. Forest pathology, 2010, 40:147-185.

[18] WELCH B L, MARTIN N E. Invasion mechanisms of *Cronartium ribicola* in *Pinus monticola*[J]. Phytopathology，1974, 64:1541-1546.

[19] MALOY O C. White pine blister rust control in North America: A case history[J]. Annual Review of Phytopathology, 1997, 35: 87-109.

[20] HUNT R S. History of western white pine and blister rust in British Columbia[J]. Forestry Chronicle, 2009, 85（4）: 516-520.

[21] OSTRY M E, LAFLAMME G, KATOVICH S A. Silvicultural approaches for management of eastern white pine to minimize impacts of damaging agents[J]. Forest pathology, 2010, 40: 332-346.

[22] ZEGLEN S, PRONOS J, MERLER H. Silvicultural management of white pines in western North America[J]. Forest Pathology, 2010, 40: 347-368.

[23] RICHARDSON B A, EKRAMODDOULAH A K M, LIU J J, et al. Current and future molecular approaches to investigate the white pine to minimize impacts of damaging[J]. Forest Pathology, 2010, 40: 314-331.

[24] SCHWANDT J W, LOCKMAN I B, KLIEJUNAS J T, et al. Current health issues and management strategies for white pines in the western United States and Canada[J]. Forest Pathology, 2010, 40: 226-250.

[25] 胡红莉．五针松疱锈病国内研究概况 [J]．西南林学院学报，2004，24（4）：73-78.

[26] HAIN F. New threats to forest health require quick and comprehensive research response[J]. Journal of Forestry, 2006, 104: 182-186.

[27] SPAULDING P. Viability of telia of *Cronartium ribicola* in early winter[J]. Phytopathology, 1922, 12: 221-224.

[28] SPAULDING P. A partial explanation of the relative susceptibility of the more important American white pines to the white pine blister rust[J]. Phytopathology, 1925, 15: 591-597.

[29] FILLER E C. Controlling white pine blister rust in the Northeastern States[J]. Phytopathology, 1924, 14: 53.

[30] BENEDICT W V, HARRIS T H. Experimental *Ribes* eradication, Stanislaus National Forest[J]. Journal of Forestry, 1931, 29: 711-720.

[31] MOSS V D, VICHE H J, KLOMPARENS W. Antibiotic treatment of western white pine infected with blister rust[J]. Journal of Forestry, 1960, 58: 691-695.

[32] VICHE H J, MOSS V D, HARTMAN H J. Developments in aerial application of antibiotics to control blister rust on western white pine[J]. Journal of Forestry, 1962, 60: 782-784.

[33] BENEDICT W V. Experience with antibiotics to control white pine blister rust[J]. Journal of Forestry, 1966, 64: 382-384.

[34] DIMOND A E. Effectiveness of antibiotics against forest tree rusts: a summary of present status[J]. Journal of Forestry, 1966, 64: 379-382.

[35] LEAPHART C D, WICKER E F. The ineffectiveness of cycloheximide and phytoactin as chemical controls of the blister rust disease[J]. Plant Disease Reporter, 1968, 52: 6-10.

[36] SNIEZKO R A. Resistance breeding against nonnative pathogens in forest trees: current successes in North America[J]. Canadian Journal of Plant Pathology, 2006, 28: s270-s279.

[37] KRIEBEL H B. Breeding eastern white pine: A world-wide perspective[J]. Forest Ecology and Management, 1983, 6: 263-279.

[38] 况红玲，贺伟．五针松抗疱锈病育种研究进展 [M]// 中国林学会．首届中国林业学术大会论文集．北京：中国林业出版社，2005.

[39] VINALE F, SIVASITHAMPARAM K, GHISALBERTI E L, et al. *Trichoderma*-plant- pathogen interactions[J]. Soil Biology & Biochemistry, 2008, 40: 1-10.

[40] KUBICEK C P. Comparative genome sequence analysis underscores mycoparasitism as the ancestral life style of *Trichoderma*[J]. Genome Biology, 2011, 12: R40.

[41] 李良，申功进，邵志和．哈茨木霉对茉莉白绢病的生物防治的研究 [J]．浙江农业大学学报，1983，9（3）：221-225.

[42] 邢云章，马凤茹．绿色木霉防治人参根腐病的研究 [J]．特产研究，1983（4）：16.

[43] JARVIS W R, SLINGSBY K. The control of powdery mildew of greenhouse cucumber by water sprays and Ampelomyces quisqualis[J]. Plant Disease Reporter, 1977, 61（9）: 728-730.

[44] ANGELI D, PUOPOLO G, MAURHOFER M, et al. Is the mycoparasitic activity of *Ampelomyces quisqualis* biocontrol strains related to phylogeny and hydrolytic enzyme production?[J] Biological control, 2012, 63: 348-358.

[45] 陈广艳．国内研究植物锈菌重寄生菌的现状 [J]．安徽农业科学，2006, 34（8）：1531- 1532.

[46] 杨艳红．华山松疱锈病原菌重寄生菌的筛选及其作用机理初步研究 [D]．昆明：西南林学院，2004.

[47] BYLER J W. Effects of secondary fungi on the epidemiology of western gall rust[J]. Canadian Journal of Botany, 1972, 50: 1275-1280.

[48] TSUNEDA A, HIRATSUKA Y. Parasitization of pine stem rust fungi by *Moncillium nordinii*[J]. Phytopathology, 1980, 70: 1101-1103.

[49] HIRATSUKA Y, POWELL J H. Pine stem rusts of Canada[M]. [S.I.]: Canadian Forest Service, 1976.

[50] HUNGERFORD R D. Natural inactivation of blister rust canker on western white pine[J]. Forest Science, 1977, 23（3）: 343-350.

[51] PHILLIPS D H, BURDEKIN D A. Diseases of forest and ornamental tree[M]. London: The Macmillan Press Ltd., 1982.

[52] 杨斌，周彤燊．云南省华山松疱锈病研究 [M]// 云南省植物病理重点实验室论文集：第 2 卷．昆明：云南科技出版社，1998.

[53] 马建鹏，杨宏波，金元锋，等．云南华山松疱锈病综合治理技术研究 [J]．西南林学院学报，2002，22（1）：47-49.

[54] 杨艳红，陈玉惠，朱云峰．西南地区茶藨生柱锈重寄生菌的分离与鉴定 [J]．浙江林学院学报，2005，22（4）：414-419.

[55] 陈玉惠，杨艳红，李永和，等．3 株木霉（*Trichoderma* spp.）对华山松疱锈病菌锈孢子的破坏作用 [J]．植物保护，2006，32（6）：62-65.

[56] 程立君，彭述敏，李永艳，等. 酷绿木霉 SS003 菌株对华山松疱锈病的野外防治试验 [J]. 西南大学学报（自然科学版），2010, 32（增刊）：99-102.

[57] BARTNICKI-GARCIA S. Cell wall chemistry, morphogenesis, and taxonomy of fungi[J]. Annual Review of Microbiology, 1968, 22: 87-108.

[58] BOWMAN S M, FREE S J. The structure and synthesis of the fungal cell wall[J]. Bio Essays, 2006, 28: 799-808.

[59] ARCHAMBAULT C, COLOCCIA G, KERMASHA S, et al. Characterization of an endo-1,3-β-D-glucanase produced during the interaction between the mycoparasite *Stachybotrys elegans* and its host *Rhizoctonia solani*[J]. Canadian Journal of Microbiology, 1998, 44: 989-997.

[60] ZEILINGER S, GALHAUP C, PAYER K, et al. Chitinase gene expression during mycoparasitic interaction of *Trichoderma harzianum* with its host[J]. Fungal Genetics and Biology, 1999, 26: 131-140.

[61] GRUBER S, SEIDL-SEIBOTH V. Self versus non-self: fungal cell wall degradation in *Trichoderma*[J]. Microbiology, 2012, 158: 26-34.

[62] RAST D M, BAUMGARTNER D, MAYER C, et al. Cell wall-associated enzymes in fungi[J]. Phytochemistry, 2003, 64: 339-366.

[63] PATIL R S, GHORMADE V, DESHPANDE M V. Chitinolytic enzymes: an exploration[J]. Enzyme and Microbial Technology, 2000, 26: 473-483.

[64] SHAIKH S A, DESHPANDE M V. Chitinolytic enzymes: their contribution to basic and applied research[J]. World Journal of Microbiology and Biotechnology, 1993, 9: 468-475.

[65] BAEK J M, HOWELL C R, KENERLEY C M. The role of an extracellular chitinase from *Trichoderma Virens* Gv29-8 in the biocontrol of *Rhizoctonia solani*[J]. Current Genetics, 1999, 35: 41-50.

[66] HARMAN G E. Myths and dogmas of biocontrol[J]. Plant Disease, 2000, 84: 377- 391.

[67] FELSE P A, PANDA T. Production of microbial chitinases-A revisit[J]. Bioprocess Engineering, 2000, 23: 127-134.

[68] SAHAI A S, MANOCHA M S. Chitinases of fungi and plants: their involvement in morphogenesis and host-parasite interaction[J]. FEMS Microbiology Reviews, 1993, 11: 317-338.

[69] FLACH J, PILET P E, JOLLES P. What is new in chitinase research[J]? Experientia, 1992, 48: 701-716.

[70] MORISSETTE D C, DRISCOLL B T, JABAJI-HARE S. Molecular cloning, characterization, and expression of a cDNA encoding an endochitinase gene from the mycoparasite *Stachybotrys elegans*[J]. Fungal Genetics and Biology, 2003, 39: 276-285.

[71] PRABAVATHY V R, MATHIVANAN N, SAGADEVAN E, et al. Self-fusion of protoplasts enhances chitinase production and biocontrol activity in *Trichoderma harzianum*[J]. Bioresource Technology, 2006, 97: 2330-2334.

[72] SEIDL V. Chitinases of filamentous fungi: a large group of diverse proteins with multiple physiological functions[J]. Fungal Biology Reviews, 2008, 22: 36-42.

[73] SEIDL V, HUEMER B, SEIBOTH B, et al. A complete survey of *Trichoderma* chitinases reveals three distinct subgroups of family 18 chitinases[J]. FEBS Journal, 2005, 272: 5923-5939.

[74] GRUBER S, VAAJE-KOLSTAD G, MATARESE F, et al. Analysis of subgroup C of fungal chitinases containing chitin-binding and LysM modules in the mycoparasite *Trichoderma atroviride*[J]. Glycobiology, 2011, 21: 122-133.

[75] BORASTON A B, BOLAM D N, GILBERT H J, et al. Carbo-hydrate-binding modules: fine-tuning polysaccharide recognition[J]. Biochemical Journal, 2004, 382: 769-781.

[76] BENITEZ T, RINCON A M, LIMON M C, et al. Biocontrol mechanisms of *Trichoderma* strains[J]. International Microbiology, 2004, 7: 249-260.

[77] PALMA-GUERRERO J, JASSON H B, SALINAS J, et al. Effect of chitosan on hyphal growth and spore germination of plant pathogenic and biocontrol fungi[J]. Journal of Applied Microbiology, 2008, 104: 541-553.

[78] SCHOEMAN M W, WEBBER J F, DICKINSON D J. The development

of ideas in biological control applied to forest products[J]. International Biodeterioraton & Biodegradation, 1999, 43: 109-123.

[79] HOWELL C R. Mechanisms employed by *Trichoderma* species in the biological control of plant diseases: the history and evolution of current concepts[J]. Plant Disease, 2003, 87: 4-10.

[80] DJONOVIC S,VITTONE G, MENDOZA-HERRERA A, et al. Enhanced biocontrol activity of *Trichoderma virens* transformants constitutively coexpressing β-1,3 and β-1,6-glucanase genes[J]. Molecular Plant Pathology, 2007, 8: 469-480.

[81] LIMÓN M C, PINTOR-TORO J A, BENÍTEZ T. Increased antifungal activity of *Trichoderma harzianum* transformants that overexpress a 33kDa chitinase[J]. Phytopathology, 1999, 89: 254-261.

[82] CARPENTER M A, STEWART A, RIDGWAY H J. Identification of novel *Trichoderma hamatum* genes expressed during mycoparasitism using substractive hybridisation[J]. FEMS Microbiology Letters, 2005, 251: 105-112.

[83] VASSEUR V, MONTAGU M V, GOLDMAN G H. *Trichoderma harzianum* genes induced during growth on *Rhizoctonia solani* cell walls[J]. Microbiology, 1995, 141: 767-774.

[84] MORRIS R A C, EWING D F, WHIPPS J M, et al. Antifungal hydroxymethyl-phenols from the mycoparasite *Verticillium Biguttatum*[J]. Phytochemistry, 1995, 39（5）: 1043-1048.

[85] MCQUILKEN M P, GEMMELL J, HILL R A, et al. Production of macrosphelide A by the mycoparasite *Coniathyrium minitans*[J]. FEMS Microbiology Letters, 2003, 219:27-31.

[86] 苑健羽，仰志勇，魏作全，等．锈寄生菌抑制落叶松褐锈病的机理研究 [J]．沈阳农业大学学报，1993，24（2）：114-119.

[87] 高克祥，刘晓光．木霉菌对杨树树皮溃疡病菌拮抗作用的研究 [J]．林业科学，2001，37（5）：83-87.

[88] 黄丽丹，陈玉惠，李永和．茶藨生柱锈重寄生菌粗毒素的基本性质 [J]．西南林学院学报，2008，28（5）：49-51.

[89] COPPING L G, MENN J J. Biopesticides: a review of their action,

applications and efficacy[J]. Pest Management Science, 2000, 56: 651-676.

[90] CHET I, INBAR J. Biological control of fungal pathogens[J]. Applied Biochemistry and Biotechnology, 1994, 48: 37-43.

[91] VERMA M, BRAR S K, TYAGI R D, et al. Antagonistic fungi, *Trichoderma* spp.: Panoply of biological control[J]. Biochemical Engineering Journal, 2007, 37: 1-20.

[92] BENÍTEZ T, RINCÓN A M, LIMÓN M C, et al. Biocontrol mechanisms of *Trichoderma* strains[J]. International microbiology, 2004, 7: 249-260.

[93] KUBICEK C P, MACH R L, PETERBAUER C K, et al. *Trichoderma*: from genes to biocontrol[J]. Journal of Plant Pathology, 2001, 83:11-23.

[94] HENIS Y, ADAMS P B, PAPAVIZAS G C, et al. Penetration of sclerotia of *Sclerotium rolfsii* by *Trichoderma* spp.[J]. Phytophathology, 1982, 72: 70-74.

[95] ELAD Y. Biological control of foliar pathogens by means of *Trichoderma harzianum* and potential modes of action[J]. Crop Protection, 2000, 19: 709-714.

[96] 叶小波，曾千春，蒋细良. 木霉菌在重寄生过程中的酶学研究进展[J]. 中国生物防治，2009，25（3）：276-280.

[97] 刘梅，孙宗修，徐同. 哈茨木霉（Trichoderma harzianum）多种胞壁降解酶基因表达载体的构建及转化水稻 [J]. 浙江大学学报：农业与生命科学版，2004，30（6）：596-602.

[98] 胡仕风，高必达，陈捷. 木霉几丁质酶及其基因研究进展 [J]. 中国生物防治，2008，24（4）：369-375.

[99] 韦继光，徐同. 植物内生拟盘多毛孢的生物多样性 [J]. 生物多样性，2003，11（2）：162-168.

[100] 白志强，林秀萍，刘永宏. 内生拟盘多毛孢菌化学成分研究进展 [J]. 天然产物研究与开发，2013，25：706-715，697.

[101] DAVIS R A, CARROLL A R, ANDREWS K T, et al. Pestalactams A-C: novel caprolactams from the endophytic fungus *Pestalotiopsis* sp.[J]. Organic & Biomolecular Chemistry, 2010, 8（8）: 1785-1790.

[102] LIU L, LIU S, JIANG L, et al. Chloropupukeananin, the first chlorinated pupukeanane derivative, and its precursors from *Pestalotiopsis fici*[J]. Organic

Letters, 2008, 10（7）: 1397-1400.

[103] LIU L, LI Y, LIU S, et al. Chloropestolide A，an antitumor metabolite with an unprecedented spiroketal skeleton from *Pestalotiopsis fici*[J]. Organic Letters, 2009, 11（13）: 2836-2839.

[104] LI J Y, SIDHU R S, BOLLON A, et al. Stimulation of taxol production in liquid cultures of *Pestalotiopsis microspora*[J]. Mycology Research, 1998, 102（4）: 461-464.

[105] DING G, LI Y, FU S B, et al. Ambuic acid and torreyanic acid derivatives from the endolichenic fungus *Pestalotiopsis* sp.[J]. Journal of Natural Products. 2009, 72（1）:182-186.

[106] GARY S, EUGENE F, JEEREPUN W, et al. Isopestacin, an isobenzofuranone from *Pestalotiopsis microspora*, possessing antifungal and antioxidant activities[J]. Phytochemistry, 2002, 60（2）: 224.

[107] LIU L, LIU S, CHEN X. Pestalofones A-E, bioactive cyclohexanone derivatives from the plant endophytic fungus *Pestalotiopsis fici*[J]. Bioorganic & Medicinal Chemistry, 2009, 17: 606-613.

[108] DING G, LIU S, GUO L, et al. Antifungal metabolites from the plant endophytic fungus Pestalotiopsis foedan[J]. Journal of Natural Products, 2008, 71: 615-618.

[109] AKONE S H, AMRANI M E, LIN W, et al. Cytosporins F-K, new epoxyquinols from the endophytic fungus *Pestalotiopsis theae*[J].Tetrahedron Letters, 2013, 54（49）: 6751- 6754.

[110] KESTING J R, OLSEN L, STAERK D et al. Production of unusual dispiro metabolites in *Pestalotiopsis virgatula* endophyte cultures: HPLC-SPE-NMR, electronic circular dichroism, and time-dependent density-functional computation study[J]. Journal of Natural Products, 2011, 74（10）, 2206-2215.

2 锈菌重寄生菌分离鉴定与抑菌活性

2.1 重寄生菌的分离与回接

2.1.1 植物材料采集与前处理

采集植物患锈病叶片或者感病枝干。

茶藨生柱锈菌的锈孢子采集：将锈子器已突破表皮的华山松病部树皮放入已灭菌的培养皿，用小刀划破锈子器包被将锈孢子抖入已灭菌的三角瓶中。采集的锈孢子于4℃下干燥保存。

石楠叶锈病感病叶片处理：从病叶中，选取锈子器已枯死或表面已被其他真菌覆盖的叶片若干，放入洁净的培养皿中保湿1～2d。经保湿的叶片在超净工作台上表面消毒，于75%酒精中漂洗10～15s，接着用无菌水冲洗3～4次，然后用0.1%升汞消毒30s，最后用无菌水冲洗3～4次。

2.1.2 重寄生菌的分离纯化和保存

采用组织分离法分离重寄生菌。

茶藨生柱锈菌重寄生菌的分离：通过常规的组织分离法从新采集的华山松疱锈病菌的锈孢子堆中分离菌株，由于锈孢子不能进行表面消毒，跟传统组织分离法比较方法略做改进。在培养皿上平铺一张滤纸后高温灭菌，然后用灭菌的蒸馏水润湿滤纸，保持一定的湿度。将一小堆新采集的锈孢子置于润湿的滤纸上，25℃恒温保湿培养，直至在锈孢子堆上长出菌丝体，挑取小块边缘长出的菌丝体少许，转接到新的马铃薯葡萄糖琼脂培养基（PAD）平板上；经 2 ～ 3 次纯化获得纯菌落，并从纯菌落上切取小块，转接到试管中的马铃薯葡萄糖琼脂培养基斜面上；保存，备用（图 2-1）。

石楠叶锈病菌重寄生菌的分离：将经表面消毒的材料上的锈病病斑连同周围组织用无菌手术刀切下，切成大小约 0.5cm × 0.5cm 的小块，用无菌镊子将各小块置入含有 50mg/L 链霉素的马铃薯葡萄糖琼脂培养基平板上。每个平板放置 3 ～ 4 小块，于 25℃下培养。培养 3d 后，挑取小块边缘长出的菌丝体少许，转接到新的马铃薯葡萄糖琼脂培养基平板上，经 2 ～ 3 次纯化获得纯菌落，并从纯菌落上切取小块，转接到试管中的马铃薯葡萄糖琼脂培养基斜面上。保存，备用。

图 2-1　茶藨生柱锈菌重寄生菌的分离纯化示意图

2.1.3 重寄生确认——回接实验

茶藨生柱锈菌重寄生菌的确认：在培养皿上平铺一张滤纸后高温灭菌，然后用灭菌的蒸馏水润湿滤纸，保持一定的湿度。将一小堆新采集的锈孢子置于润湿的滤纸上，25℃恒温保湿培养，观察分离获得的重寄生菌能否在锈孢子堆上生长并将其覆盖。

重寄生菌的菌丝体接在茶藨生柱锈菌的锈孢子堆上保湿培养一段时间后，均能在锈子器上生长，并覆盖锈子器（图 2-2）。

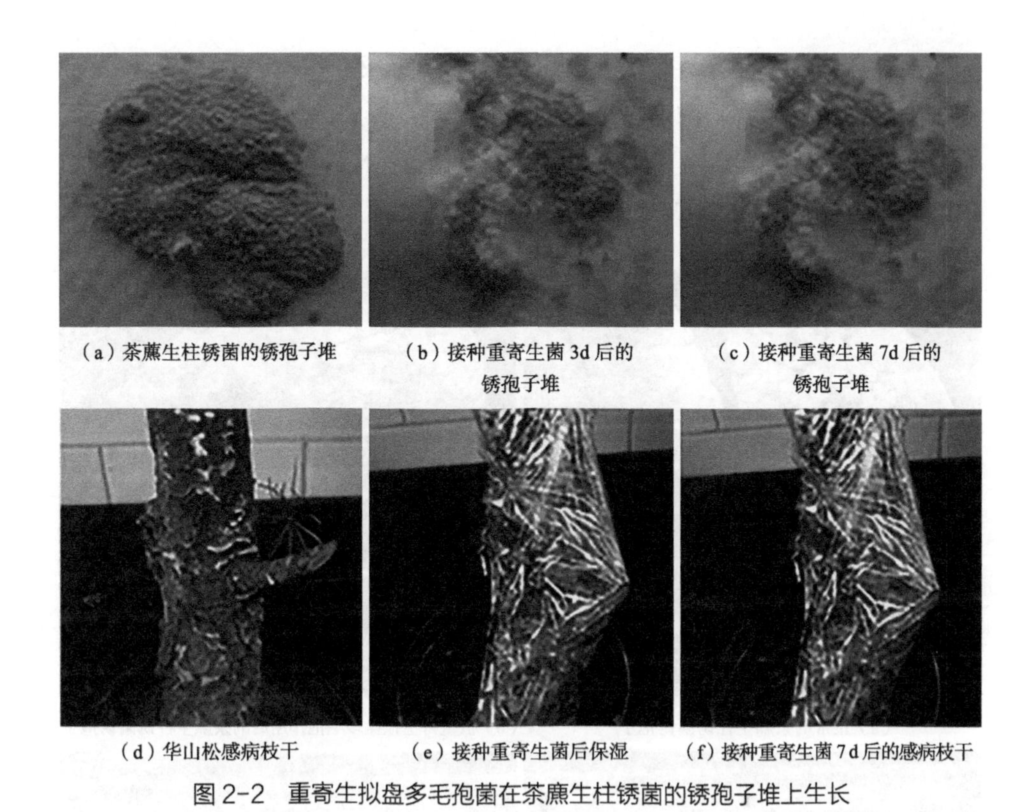

（a）茶藨生柱锈菌的锈孢子堆　（b）接种重寄生菌 3d 后的锈孢子堆　（c）接种重寄生菌 7d 后的锈孢子堆

（d）华山松感病枝干　（e）接种重寄生菌后保湿　（f）接种重寄生菌 7 d 后的感病枝干

图 2-2　重寄生拟盘多毛孢菌在茶藨生柱锈菌的锈孢子堆上生长

石楠叶锈病菌重寄生菌的确认：将患有锈病且无其他杂菌污染的石楠叶片放入洁净的培养皿中，每皿 2 ～ 3 片叶片。每皿分别放入纯化所得的真菌菌丝体（不含培养基），置于叶片的锈子器上，设置空白对照组。在室温下，保湿培养 7 ～ 10d，观察接上的菌丝是否萌发生长并将锈子器覆盖。

重寄生菌的菌丝体接在石楠叶锈菌的锈子器上保湿培养一段时间后，均能在锈子器上生长，并覆盖锈子器（图 2-3）。

（a）　（b）　（c）

图 2-3　重寄生菌在石楠叶锈病菌上的生长

挑取如图 2-2、图 2-3 所示的被菌丝覆盖的锈孢子进行显微观察，发现被寄生的锈孢子内含物浓缩，锈孢子壁变形严重，大部分完全成了空壳，但锈孢子壁不碎裂。分别用 ECLIPSE E-800 显微镜（Nikon, Tokyo, Japan）和扫描电镜（Quanta200, FEI Company）拍照（图 2-4）。

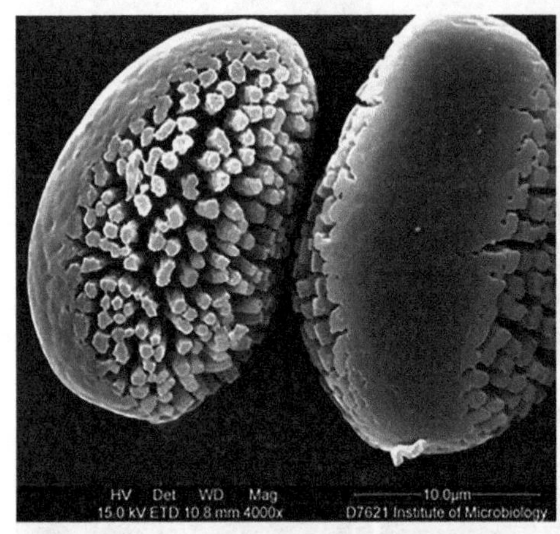

（a）正常的茶藨生柱锈菌锈孢子

（b）被重寄生拟盘多毛孢作用后的茶藨生柱锈菌锈孢子

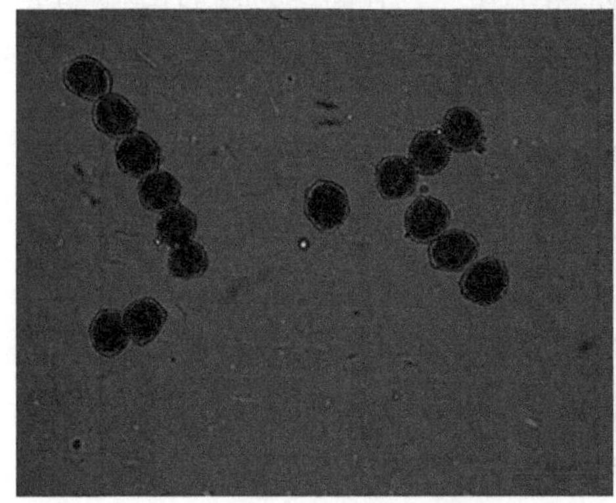

（c）正常的石楠锈孢锈菌锈孢子

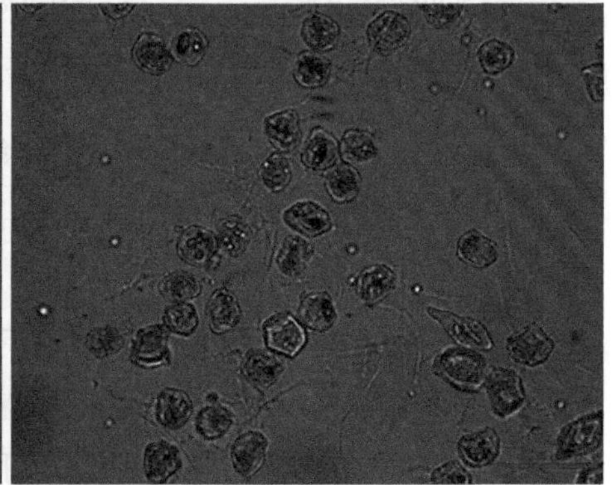

（d）被重寄生拟盘多毛孢作用后的石楠锈孢锈菌锈孢子

图 2-4　重寄生拟盘多毛孢对锈孢子的破坏作用

将上述叶片锈孢子堆上的菌丝再转接到新的马铃薯葡萄糖琼脂培养基平板上培养，待菌落长成后，观察其形态特征，并与原始菌落的形态比较，再镜检新产孢子的形态特征与原菌株的孢子比较，以确认覆盖锈孢子的菌株就是原分离纯化的菌株。

2.2 重寄生拟盘多毛孢菌的鉴定与抑菌活性

2.2.1 实验材料

2.2.1.1 微生物材料

cr013 菌株分离自华山松疱锈病的锈孢子堆，菌株保存在西南林业大学生物化学教研室。

2.2.1.2 实验试剂与仪器（表 2-1、表 2-2）

表 2-1 实验试剂

试剂名称	试剂来源	cat. No.
Ezup 柱式真菌基因组 DNA 抽提试剂盒	生工生物工程股份有限公司	SK8259
DreamTaq-TM DNA Polymerase	上海玉博生物科技有限公司	EP0702
dNTP	生工生物工程股份有限公司	D0056
琼脂糖	BBI 生命科学有限公司	AB0014
SanPrep 柱式 DNAJ 胶回收试剂盒	生工生物工程股份有限公司	SK8131
DNA Ladder Mix maker	生工生物工程股份有限公司	SM0337
引物	生工生物工程股份有限公司	合成部合成
枪头、PCR 管、离心管等	生工生物工程股份有限公司	铸塑部生产

表 2-2 实验仪器

仪器名称	仪器来源	型号
测序仪	Applied Biosystems	3730XL
DNA 电泳槽	北京六一仪器厂	DYCP-31DN
恒温培养箱	太仓市科教器材厂	DHP-9162
恒温摇床	太仓市实验设备厂	TH2-C
PCR 仪	Applied Biosystems	2720 thermal cycler
冷冻高速离心机	BBI	HC-2518R

2.2.1.3 引物

cr013 菌株鉴定的通用引物如下：

（1）引物 ITS4 和 ITS5 扩增 *ITS* 基因序列

ITS4：5'-TCC TCC GCT TAT TGA TAT-3'

ITS5：5'-GGA AGT AAA AGT CGT AAC AAG-3'

（2）引物 bt2a 和 bt2b 扩增 *β-tubulin* 基因序列

bt2a：5'-GGT AAC CAA ATC GGT GCT GCT TTC-3'

bt2b：5'-ACC CTC AGT GTA GTG ACC CTT GGC-3'

（3）引物 LROR 和 LR5 扩增 *28S* 基因序列

LROR：5'-ACC CGC TGA ACT TAA GC-3'

LR5：5'-TCC TGA GGG AAA CTT CG-3'

2.2.2 实验步骤与方法

2.2.2.1 菌株培养

将保存在甘油中的拟盘多毛孢 cr013 菌株转接到马铃薯葡萄糖琼脂培养基，放入 25℃恒温培养箱中培养至菌丝长满培养皿。

马铃薯葡萄糖琼脂培养基的配制：称取去皮马铃薯 200g，切块，加蒸馏水 1L，煮沸 20 ～ 30min，过滤，滤液中分别加葡萄糖 20.0g，琼脂 20.0g，完全溶解后，加蒸馏水至 1000mL。

2.2.2.2 cr013 菌株的 DNA 提取

从长满菌丝体的 PDA 培养基上刮取新鲜菌丝体约 0.5g，倒入液氮，研磨成粉末状，具体操作步骤详见 Ezup 柱式真菌基因组 DNA 抽提试剂盒（SK8259）。

2.2.2.3 PCR 扩增

（1）PCR 反应体系，见表 2–3。

（2）PCR 反应条件，见表 2–4。

表 2-3　PCR 反应体系

试剂	体积 /μL
Template（基因组 DNA 20 ～ 50ng/μL）	0.5
10 × Buffer（with Mg^{2+}）	2.5
dNTP（各 2.5mM）	1
酶	0.2
引物 F（10μM）	0.5
引物 R（10μM）	0.5
加双蒸 H_2O 至	25

表 2-4　PCR 反应条件

温度 /℃	时间	程序
94	4min	预变性
94	45s	30cycle
55	45s	30cycle
72	1min	30cycle
72	10min	修复延伸
4	∞	终止反应

（3）凝胶电泳检测：1％琼脂糖电泳，在 150V、100mA 条件下，电泳 20min 后，观察在成像凝胶电泳仪条带的扩增情况。

（4）纯化回收：PCR 产物用 SanPrep 柱式 DNA 胶回收试剂盒（SK8131 纯化，纯化后的 PCR 产物用 PCR 引物直接测序。

2.2.2.4 系统发育树的构建和菌株鉴定

将 PCR 产物送至上海生工生物公司进行测序，测序后的 *β-tubulin*、*ITS* 和 *28S* 的原始序列使用 Geneious10.1.3 软件对碱基位点与相对应的峰图进行校正，校正后的单向序列再将相对应的正、反向进行整合，获得完整序列。利用 NCBI 中的 BlastN 对所得的 *β-tubulin*、*ITS* 和 *28S* 基因序列搜索及比对，初步推测 cr013 菌株的属名。

根据比对结果，通过查阅文献，从文献中选择了拟盘多毛孢属的*β-tubulin*、*ITS*和*28S*相关序列。具体步骤如下：①用GeneBank登录号下载序列，保存为Fasta格式；②利用Seqencematrix v1.8分别将*β-tubulin*、*ITS*和*28S*基因序列组成联合矩阵；③利用MAFFT v.5对cr013菌株和参考序列进行多重序列比对；④利用Bioedit v.4剪切比对序列，剪去*β-tubulin*和*28S*的多余碱基，以及*ITS*序列的开端ATTA和末端TTGAC不整齐的碱基，保存为pir格式；⑤利用Clustalx 1.83将pir文件转化为nxs格式，用于下一步的系统发育分析；⑥*β-tubulin*、*ITS*和*28S*多基因序列利用PAUP*4.0b10中的最大简约法（maximum parsimony，MP）构建系统发育树，设置外类群为*Neopestalotiopsis surinamensis*（编号为1）和*Neopestalotiopsis saprophytica*（编号为2），其余参数默认。

最后，根据系统发育树结果并结合cr013菌株的菌落形态、颜色及分生孢子形态等特征，参照《中国真菌志：拟盘多毛孢属》和Maharachchikumbura中对拟盘多毛孢属的形态描述，以此确定cr013菌株的物种名。

2.2.3 结果与分析

2.2.3.1 PCR扩增

通过成像凝胶电泳仪观察PCR产物扩增条带（图2-5），由图可知：*ITS*、*β-tubulin*和*28S*基因序列扩增得到的条带清晰明亮，单一且无拖尾或杂带，表明cr013菌株扩增的目的产物质量高，可用于后续的测序实验。重寄生拟盘多毛孢cr013菌株的*ITS*基因序列片段大小约为600bp，*28S*基因序列片段大小约为900bp，*β-tubulin*基因序列片段大小约为450bp。

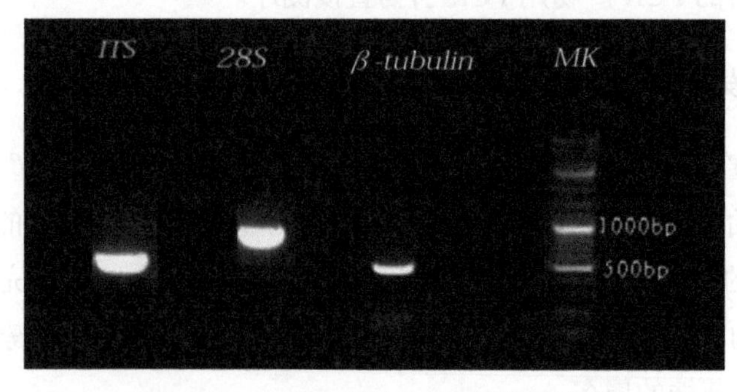

图2-5　cr013菌株PCR扩增电泳图

2.2.3.2 *ITS*、*β-tubulin* 和 *28S* 基因序列比对结果

根据前期研究结果，*ITS*、*β-tubulin* 和 *28S* 基因序列在 NCBI 上进行 BlastN 比对后，结果显示 cr013 菌株与 *P. oryzae*（登录号：MK156295.1）的 *ITS* 序列具有 100% 的相似性；cr013 菌株的 *β-tubulin* 基因序列与 *P. oryzae*（登录号：KM199397.1）的 *β-tubulin* 序列具有 99.77% 的相似性；cr013 菌株的 28S 基因序列与 *P. oryzae*（登录号：NG069212.1）的 *28S* 序列具有 99.89% 的相似性。

2.2.3.3 cr013 菌株鉴定

（1）cr013 菌株的分子鉴定

下载拟盘多毛孢属相关 *β-tubulin*、*ITS* 和 *28S* 基因序列。

① *ITS* 基因序列构建的系统发育树。基于 *ITS* 基因序列的 MP 法构建系统发育树，如图 2-6 显示：cr013 菌株与 *P. oryzae* 聚为 1 个分支，支持率为 63%，说明 cr013 菌株与 *P. oryzae* 亲缘关系较近，但是支持率较低。以 *ITS* 基因序列构建的系统发育树无法确定 cr013 菌株的分类地位，因此仅以 *ITS* 构建的系统发育树仍然不能作为 cr013 菌株鉴定的分子依据。

② *28S* 基因序列构建的系统发育树。基于 *28S* 基因序列的 MP 法构建系统发育树，如图 2-7 显示：cr013 菌株与其他已知的同属物种聚在一个大分支，支持率为 68%，但该分支的物种数量较多且种类复杂，无法说明 cr013 菌株与其他物种的亲缘关系。因此，基于 *28S* 基因序列构建的系统发育树无法确定 cr013 菌株的分类地位。这可能是因为拟盘多毛孢属真菌的 *28S* 基因序列保守性相对较高，这导致该属物种间的差异性较低，使大多数物种都聚到了同一分支。

③ *β-tubulin* 基因序列构建的系统发育树。基于 *β-tubulin* 基因序列的 MP 法构建系统发育树，如图 2-8 显示：cr013 菌株与 *P. oryzae* 聚为 1 个分支，支持率为 88%，说明 cr013 菌株与 *P. oryzae* 亲缘关系较近。以 *β-tubulin* 基因序列构建的系统发育树较 *ITS* 和 *28S* 分别构建的系统发育树拓扑结构较好，且支持率更高。

④ *β-tubulin* 和 *ITS* 多基因序列构建的系统发育树。基于 *β-tubulin* 和 *ITS*

多基因序列的 MP 法构建系统发育树，如图 2-9 显示：cr013 菌株与 *P. oryzae* 聚为 1 个分支，支持率为 96%，说明 cr013 菌株与亲缘关系较近。复合基因序列构建的系统发育树较 *β-tubulin*、*ITS* 和 *28S* 基因序列构建的单基因系统发育树的拓扑结构较好，且支持率远高于单基因构建的系统发育树。

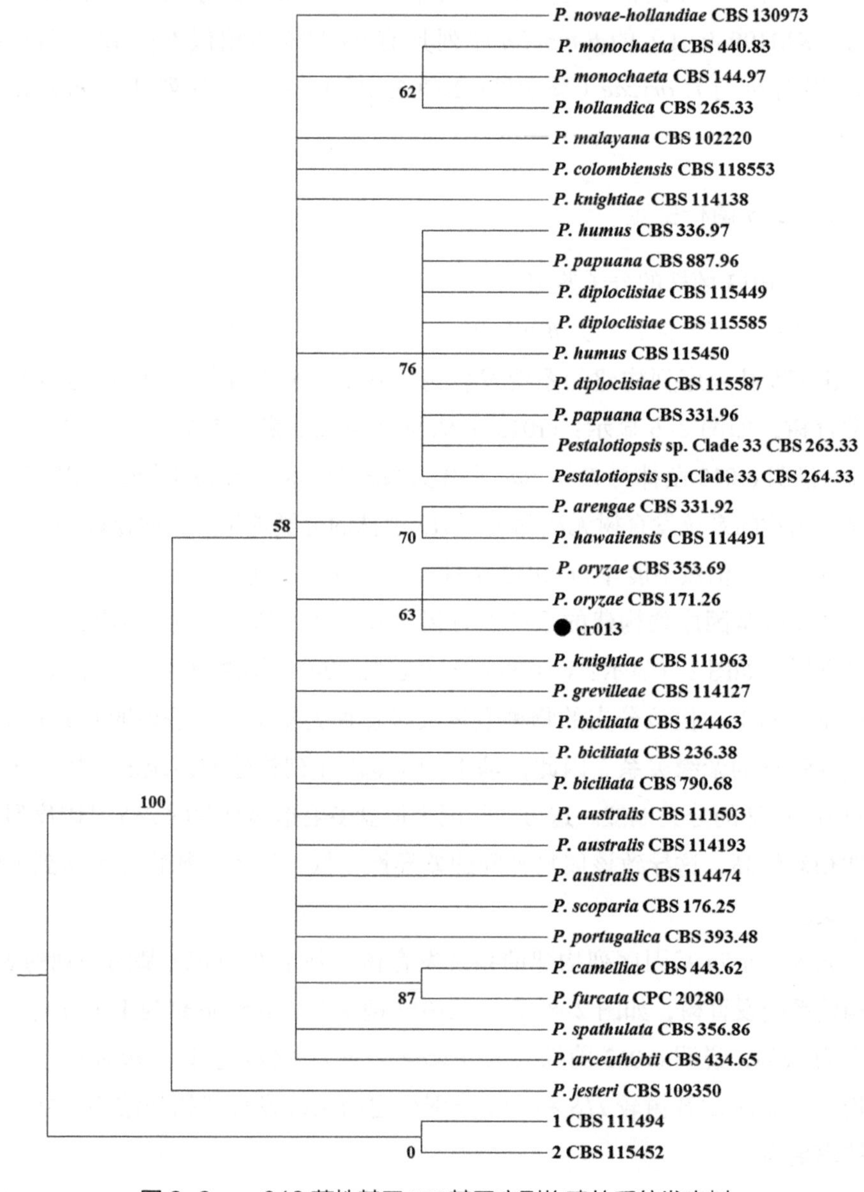

图 2-6　cr013 菌株基于 *ITS* 基因序列构建的系统发育树

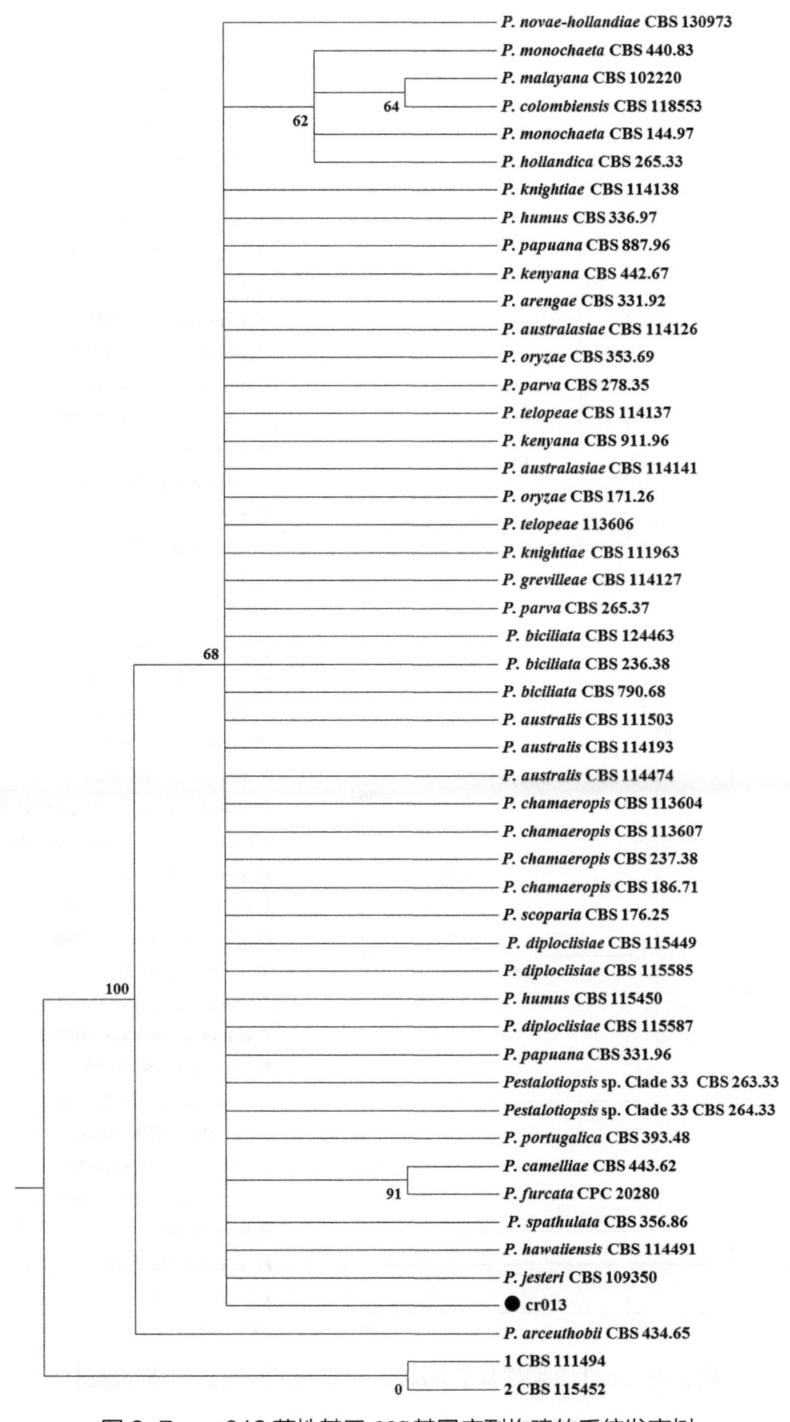

图 2-7　cr013 菌株基于 *28S* 基因序列构建的系统发育树

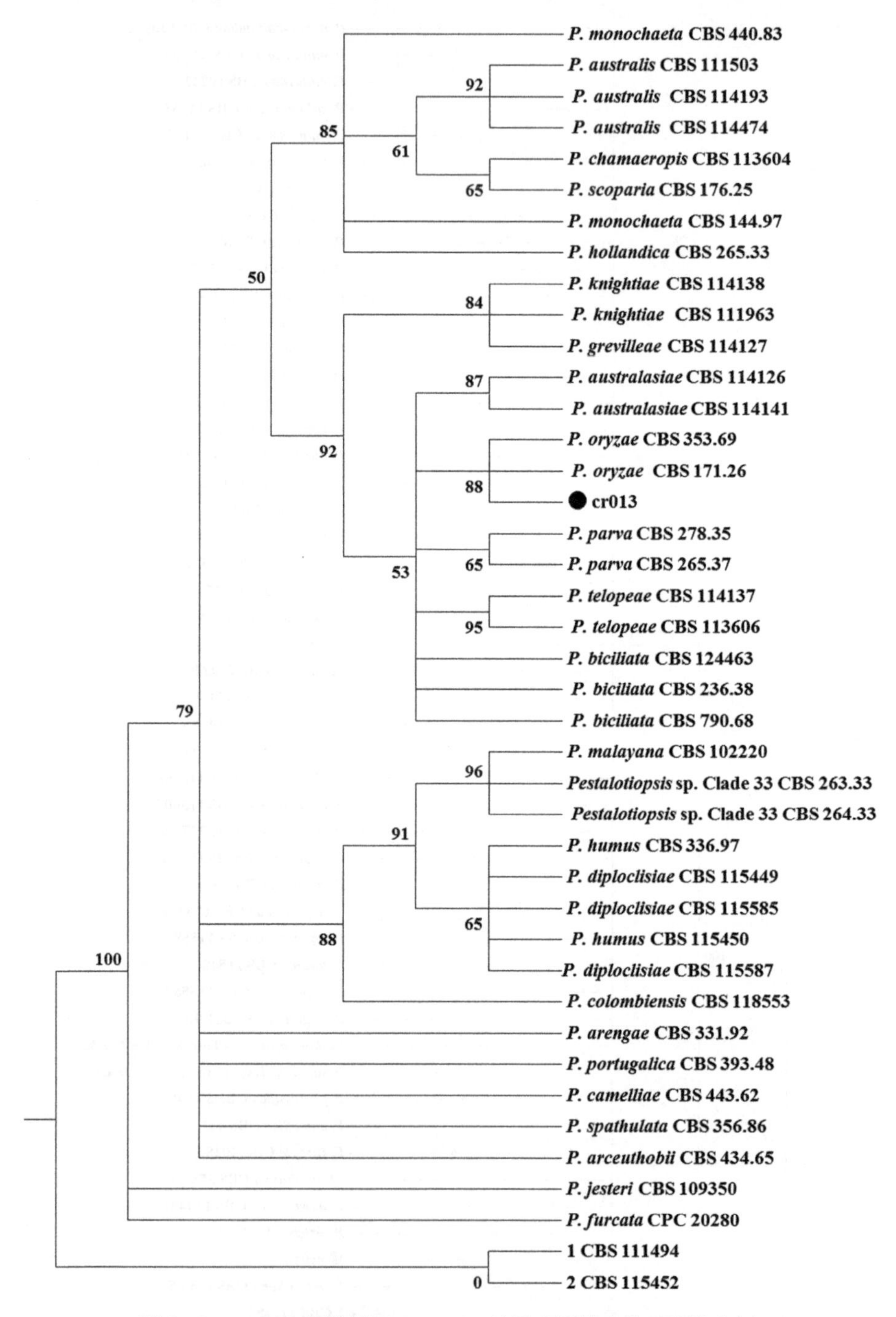

图 2-8　cr013 菌株基于 *β-tubulin* 基因序列构建的系统发育树

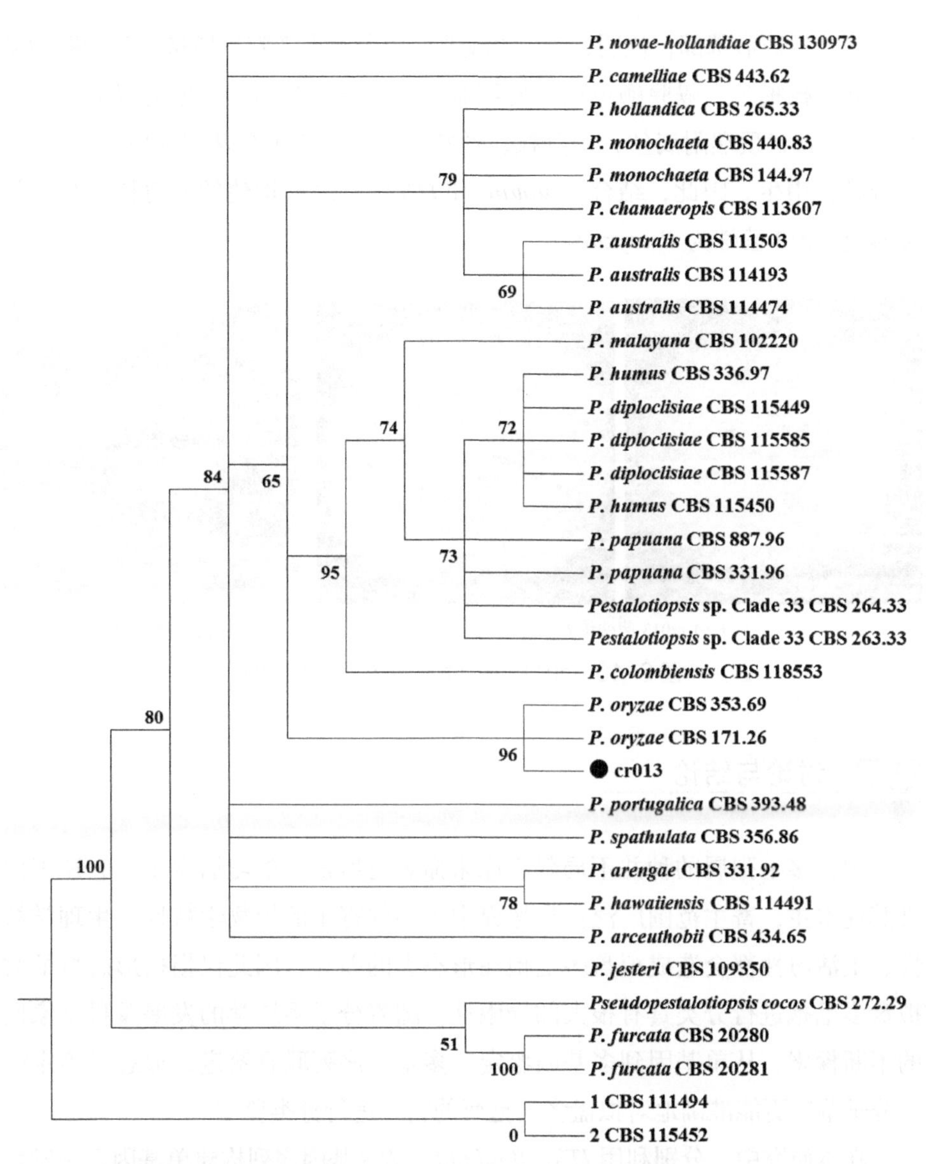

图 2-9 cr013 菌株基于 *β-tubulin* 和 *ITS* 复合序列构建的系统发育树

（2）cr013 菌株的形态分类鉴定

cr013 菌株培养状态图和孢子图如图 2-10 所示。cr013 菌株的分生孢子（基附肢的数量，孢子颜色、长度等）与 Maharachchikumbura 等中 *P. oryzae* 描述的基本一致。分生孢子为 5 个细胞，长梭形，从椭球形到近圆柱形，直立或稍弯曲，4 个隔膜，$x \pm SD = 26.9 \pm 1.4 \times 7 \pm 0.2\mu m$；基细胞长方形到圆锥状，具截形基部，透明，疣状和薄壁；3 个中央细胞呈桶状，孢子壁为微小疣状，橄榄色，隔膜颜色比其他细胞暗；顶端细胞透明，壁薄且光滑，有 2 ～ 3 个管状顶端附属丝，未分枝，丝状，弯曲；有 1 个基部附属丝，透明，不分枝，中生。因此，结合 *β-tubulin* 和 *ITS* 复合序列构建的发育树结果，初步鉴定 cr013 菌株为 *P. oryzae*。

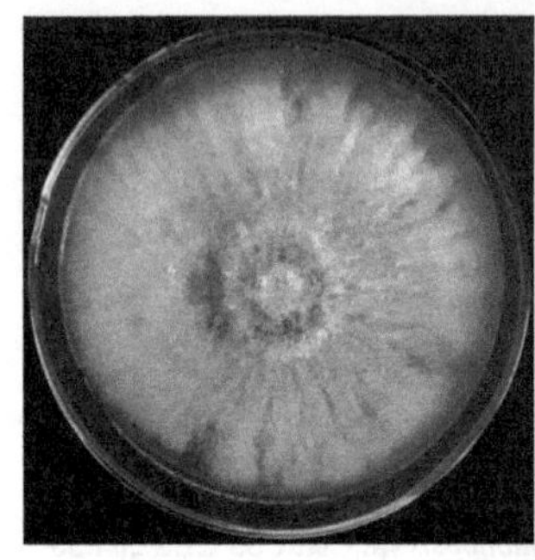
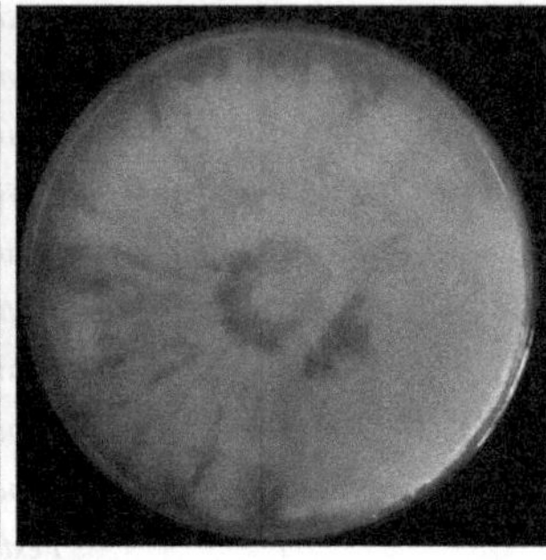

（a）cr013 菌株培养状态

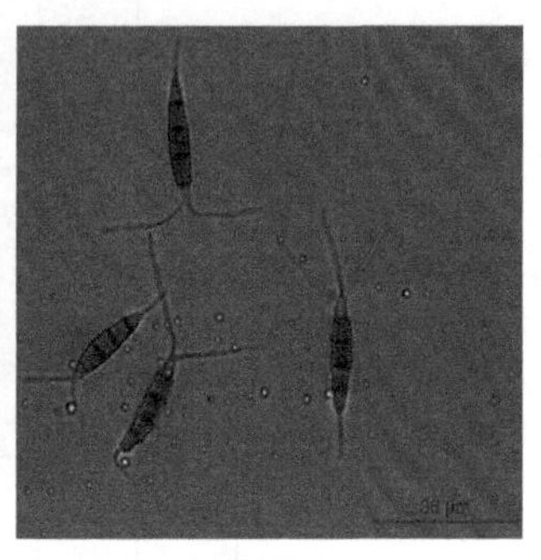

（b）孢子显微特征（36μm）

图 2-10　cr013 菌株培养状态图及孢子图

2.2.4 讨论与结论

拟盘多毛孢属的种并不局限于原来命名时所依据的习居寄主，它还能侵染其他寄主，寄主范围广泛。自然界中不同的寄主的植物学特性、生理学特性、生活习性都会造成拟盘多毛孢在形态上的差异，因此仅根据形态特征对拟盘多毛孢进行分类具有很大的局限性。随着分子系统学的发展及科学家们的不断探索，从单基因到多基因鉴定、多基因序列联合鉴定、形态学鉴定结合分子鉴定更能准确地对拟盘多毛孢属的物种进行分类鉴定。

在本研究中，分别利用 *ITS*、*β-tubulin*、*28S* 基因序列构建单基因系统发育树及 *ITS* 和 *β-tubulin* 基因复合序列构建的系统发育树，结果发现 *ITS* 和 *β-tubulin* 构建的单基因系统发育树与 *ITS* 和 *β-tubulin* 构建的复合基因序列系统发育树的结果一致，均与 *P. oryzae* 聚为 1 支。但是，复合基因序列构建的系统发育树支持率最高，为 96%；*ITS* 基因序列构建的系统发育树支持率为 63%；*β-tubulin* 基因序列构建的系统发育树支持率为 88%。这说明 *β-tubulin* 基因序列能更好地反映出拟盘多毛孢属的种间关系，且同源性较 *ITS* 和 *28S* 基因序列构建的系统发育树更高；而 *28S* 基因序列构建的系统发育树中，cr013 菌株与多个物种聚在同 1 个分支。这可能是由于 *28S* 基因保守性相对较高，导致物种间的差异性低，不能很好地区分开；也可能是因为对比对结果修饰时，被删除的序列区间不适合。*ITS* 和 *β-tubulin* 单基因序列构建的系统发育树较 *28S* 基因序列有较好的拓扑结构，说明 *ITS* 和 *β-tubulin* 基因序列的保守性低于 *28S* 基因序列。因此，初步推测基于 *β-tubulin* 基因序列构建的系统发育树能更好地反映出拟盘多毛孢属真菌的系统发育，而基于复合序列构建的系统发育树，其结果更为准确；*28S* 基因序列保守性过高，不适用于种间分类鉴定。

仅利用分子系统学鉴定拟盘多毛孢属，具有一定的局限性，只能尽可能缩小物种范围，并不能很精确地鉴定到种，还要结合形态学鉴定，才能更加准确地对物种进行鉴定分类。此外，特殊的序列比普遍的序列更加准确，复合基因序列比单基因序列更为准确。本章内容的研究，为拟盘多毛孢菌的分类鉴定提供了初步的分子依据和理论依据。

2.2.5 3 株重寄生拟盘多毛孢菌的抑菌活性

2.2.5.1 重寄生菌发酵粗提物的制备

将分离获得的重寄生菌在 PDA 培养基上各发酵 50mL，室温下培养 20d。将固体培养基连同其上的菌落一同切为细小块状，用体积比为 80 : 15 : 5 的乙酸乙酯 – 甲醇 – 乙酸混合溶剂提取 3 次，将乙酸乙酯萃取至无色，用旋转蒸发仪 45℃减压浓缩至干。加入 10mL 体积比为 1 : 1 的氯仿 – 甲醇溶解沉淀，即得粗提物。

2.2.5.2 抗真菌活性

重寄生菌对锈菌孢子具有很强的破坏作用，是否对其他植物病原真菌也有抑制作用呢？采用滤纸片法探究重寄生菌粗提物对 10 种常见植物病原菌的抑菌活性：水稻稻瘟病菌（*Magnaporthe grisea*）、小麦雪腐病菌（*Typhula incarnate*）、黄瓜枯萎病菌（*Fusarium oxysporium* sp. *cucumebrium*）、白菜黑斑病菌（*Alternaria brassicae*）、辣椒镰刀病菌（*Fusarium solani*）、三七丝核病菌（*Verticillium cinnabarium*）、番茄灰霉病菌（*Botrytis cinerea*）、梨黑星病菌（*Venturia pyrina*）、辣椒炭疽病菌（*Colletotrichum capsici*）、棉花枯萎病菌（*Fusarium oxysporium* sp. *vasinfectum*）。

多数重寄生菌的粗提物具有广谱抗性，且抑菌圈透明度较好。以分离纯化的 3 株重寄生拟盘多毛孢菌为例，其抑菌圈直径及透明度结果详见表 2–5。

2.3 重寄生枝孢菌的鉴定和抑菌活性

2.3.1 材料和方法

2.3.1.1 微生物材料

编号为 SYC4、SYC23 和 SYC63 的 3 株重寄生菌分离自患有石楠叶锈病的球花石楠叶片，并保存于 4℃，由西南林业大学生命科学学院生化教研室提供。

供试植物病原菌菌株：辣椒炭疽病菌、水稻稻瘟病菌、小麦雪腐病菌、黄瓜枯萎病菌、白菜黑斑病菌、三七丝核病菌、棉花枯萎病菌。

2.3.1.2 培养基

PDA 培养基、改良 Fries 培养基、PSKA 培养；参照李衍荷使用的 MH_2 和大米培养基，对其进行改良，利用蒸馏水进行配制。

2.3.1.3 菌株的分类鉴定

将保存的菌种接至 PDA 固体培养基上活化 2 代，在第 3 代时观察菌落形态及显微镜检；对 PDA 培养基上长势良好、新鲜的菌丝采用 Ezup 柱式真菌基因组 DNA 抽提试剂盒进行 DNA 提取。

（1）3 株枝孢菌分别取 100mg 新鲜菌丝用液氮研磨成粉末，移至 1.5mL 离心管中，并加入 200μL Buffer Digestion、2μL β- 巯基乙醇和 20μL Proteinase K 溶液，震荡混匀。置于 56℃水浴 1h，使细胞完全裂解。

表 2-5 粗提物对植物病原真菌的抑制作用

菌株编号	水稻稻瘟病菌		小麦雪腐病菌		黄瓜枯萎病菌		白菜黑斑病菌		辣椒镰刀病菌	
	抑菌圈直径 /cm	抑菌圈亮度	抑菌圈直径 /cm	抑菌圈亮度	抑菌圈直径 /cm	抑菌圈亮度	抑菌圈直径 /cm	抑菌圈亮度	抑菌圈直径 /cm	抑菌圈亮度
cr012	0.68	+	0.60	+	1.45	+	—	—	1.25	+
cr013	0.70	++	0.60	++	1.1	+++	0.65	++	1.70	+
cr014	—	—	0.70	+	—	—	—	—	—	—
CK	—	—	—	—	—	—	—	—	—	—

菌株编号	三七丝核病菌		番茄灰霉病菌		梨黑星病菌		辣椒炭疽病菌		棉花枯萎病菌	
	抑菌圈直径 /cm	抑菌圈亮度	抑菌圈直径 /cm	抑菌圈亮度	抑菌圈直径 /cm	抑菌圈亮度	抑菌圈直径 /cm	抑菌圈亮度	抑菌圈直径 /cm	抑菌圈亮度
cr012	0.60	+	0.72	+++	1.2	+++	0.82	++	1.10	+++
cr013	0.65	+	0.85	+++	1.15	+++	1.05	+++	1.05	+++
cr014	1.70	++	1.50	+	1.90	++	2.20	+	1.40	+
CK	—	—	—	—	—	—	—	—	—	—

注：①以上抑菌圈直径不包含直径为 0.6cm 的滤纸片的长度。

②—表示没有明显的抑菌圈。

③抑菌圈亮度：+ 表示抑菌圈不透明，++ 表示抑菌圈部分透明，+++ 表示抑菌圈完全透明。

（2）将其取出并加入 100μL Buffer PF，充分颠倒混匀，于 –20℃放置 5min。

（3）在室温下 10000r/min 离心 5min，并取上清液转移到新的 1.5mL 离心管中。

（4）加入 200μL Buffer BD，充分摇晃混匀。

（5）加入 200μL 的无水乙醇，充分摇晃混匀。

（6）先将吸附柱放入收集管中，将上步离心管中的物质全部移入吸附柱中，静置 2min 后 10000r/min 离心 1min，并倒掉收集管中的废液。

（7）再将吸附柱放回收集管，加入 500μL 缓冲液，10000r/min 离心 30s，倒掉收集管中的废液。

（8）加入 500μL 洗涤液，重复⑦的操作。

（9）最后将吸附柱放回收集管中，于 12000r/min 离心 2min，除去残留液体。

（10）将吸附柱放入 1 个新离心管中，加入 50μL TE 缓冲液（溶解核酸）静置 3min，12000r/min 离心 2min，收集 DNA 溶液，于 –20℃保存备用。

对提取的 DNA2 取 1μL 利用分光光度计检测浓度和纯度，260 纳米与 280 纳米下吸光光度比值在 1.7 ～ 2.0 之间。对质量检测合格的 DNA，按下列的 PCR 反应体系（表 2–6）及循环条件（表 2–7）利用 ITS5（5'- GGAAGTAAAAGTCGTAACAAG-3'）/ ITS4（5' -TCCTCCGCTTATTGATATGC-3'）为引物扩增内转录间隔区基因；以 EF-1-F（5'- CATCGAGAAGTTCGAGAAGG-3'）/ EF-1-R（5'- TACTTGAAGGAACCCTTACC-3'）为引物扩增翻译延伸因子 1-α 基因；以 ACT-F（5’ '-ATGTGCAAGGCCGGTTTCGC-3'）/ ACT-R（5'- TACGAGTCCTTCTGGCCCAT-3'）为引物扩增肌动蛋白基因。

表 2–6　PCR 反应体系

组分	浓度	体积 /μL
模板 DNA		1
引物 F	10μM	1
引物 R	10μM	1
Dntp（mix）	10mM	1
Taq Buffer（with MgCl2）	10 倍稀释	2.5
Taq 酶	5U/μL	0.2
添加双蒸水至		25

表 2-7　PCR 反应条件

序号	程序	温度	时间
1	预变性	95℃	5min
2	变性	94℃	30s
3	退火	58℃	30s
4	延伸	72℃	60s
5	循环序号 2 ～ 4 的步骤	循环 38 次	
6	修复延伸	72℃	10min

PCR 产物取 5μL 浓度为 1% 的琼脂糖凝胶电泳，电泳参数为 150V、100mA，10 ～ 20min 电泳观察。

纯化后目的 PCR 条带在上海生工生物技术有限公司利用一代测序技术对 PCR 产物进行扩增序列测序。

2.3.1.4 系统发育树的构建

对测序所得序列在 NCBI 数据库进行 BLAST 搜索，确定最可能的近缘类群。然后，进行基因序列查找及多序列拼接，再查阅文献下载已报道的近缘种基因序列片段，将基因序列数据集通过 MAFFT（https://mafft.cbrc.jp/alignment/software/）网站进行比对，再利用 BioEdit 手工编辑并将联合基因序列校正，以 FASTA 格式的组合数据集在 clustalx 中存为 NEXUS 格式。利用 PAUP4.0b10 软件，输入程序，以非加权最大简约（MP）法构建系统发育树。最后，结合形态观察的菌落形状、颜色和分生孢子形态特征等，对比《中国真菌志：枝孢属黑 星孢属 梨孢属》和 *The genus Cladosporium* 中菌株形态特征，通过分子鉴定结合形态鉴定将 3 株重寄生菌鉴定到种。

2.3.1.5 抗菌谱

将 3 株重寄生菌株与植物病原菌菌株在 PDA 平板上对峙培养，于室温下培养 5d，观察记录抑菌区的大小和植物病原菌菌落半径。同时，单独将植物病原菌放置于 PDA 平板上培养，不做对峙处理，5d 后记录菌落半径，作为对照，每组 3 个平行，用下列公式计算抑菌率：

抑菌率 =（对照菌落直径 – 处理菌落直径）/ 对照菌落直径 ×100%

2.3.1.6 菌株粗提物抗菌活性的研究

对 3 株重寄生菌分别用 5 种培养基室温培养 20d 后，用溶剂与培养基等体积有机溶剂（乙酸乙酯：甲醇：乙酸 = 80：15：5）浸泡、过滤并重复 3 次，将所得滤液 45℃减压浓缩，浸膏加入 5mL 甲醇溶解获得粗提物。用滤纸片法测定其对植物病原菌的抑制活性，植物病原菌活化至产孢后，用无菌水将孢子清洗下，加到 PDA 培养基中混匀制备平板。将粗提物缓慢滴加在直径为 0.6cm 的灭菌滤纸片上，待其干燥后，按一定间隔放置于平板中，放入滴加甲醇的滤纸片作为对照，3 个平行。最后，将平板与室温倒置培养，观察并记录抑菌圈的直径及抑菌圈的透明度。

2.3.2 结果与分析

2.3.2.1 形态观察

3 株重寄生菌株 SYC4、SYC23 和 SYC63，菌落均呈圆形，平铺较厚，表面略呈细绒状，正面有明显的同心环纹和放射状纹，颜色上呈橄榄绿色或橄榄褐色。且其背面有明显或不明显环纹，中间墨绿色或褐色，边缘墨绿色，培养基平板不变色。显微观察发现菌丝色浅，具有分枝和隔；分生孢子梗从菌丝上长出，直立，多数不分枝或仅上部分枝；分生孢子椭圆形、近球形，两端有结，大小为（3.5 ～ 6.5）μm×（3.0 ～ 5.5）μm，近无色至浅橄榄色。通过观察培养性状与微观形态，初步判定 3 株重寄生菌均为枝孢菌属真菌。

2.3.2.2 PCR 扩增结果与测序

以特异引物扩增 ITS、翻译延伸因子和肌动蛋白基因，分别获得大小 600bp、350bp、300bp 左右的片段，PCR 产物进行 1% 琼脂糖凝胶电泳 150V、20min 观察，结果见图 2–11。

2.3.2.3 分子鉴定结果

对 3 株重寄生菌扩增的内转录间隔区、翻译延伸因子和肌动蛋白基因片

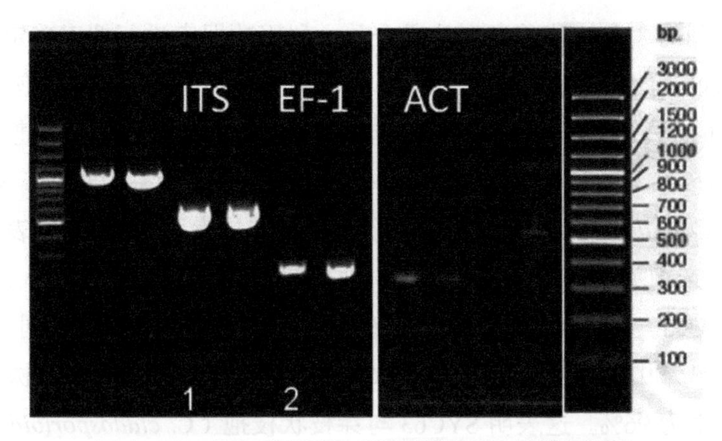

图 2-11　菌株 SYC23、SYC63 PCR 扩增电泳图

段序列，分别构建系统发育树。ITS 序列系统发育树结果显示：3 株重寄生菌 SYC4、SYC23 和 SYC63 聚在同 1 个分支上，支持率为 66%；其中 SYC4 和 SYC23 在分支上的距离相对较近，SYC63 与两者相距较远；同时三者还与枝孢属的已知物种绿头枝孢菌（*C. anthropophilum*）、芽枝状枝孢（*C. cladosporioides*）、*C. angustisporum*、瓜枝孢（*C. cucumerinum*）等多种聚在 1 支，且支持率较低，无法说明其亲缘关系，不能单以此系统发育树来作为鉴定种的依据。

EF 序列系统发育树结果显示：3 株菌中 SYC4 和 SYC23 聚在同一分支，支持率为 95%；两者又与菌种绿头枝孢菌（*C. anthropophilum*）在同一个大分支，支持率为 99%。这表明 SYC4、SYC23 与绿头枝孢菌（*C. anthropophilum*）亲缘关系较近。二者与 SYC63 的分支距离也较远，SYC63 与菌株芽枝状枝孢（*C. cladosporioides*）聚在 1 支，支持率为 53%，表明其亲缘关系较近。在此系统发育树中，可初步将 3 株菌鉴定到种，但 SYC63 的支持率较低，还需进一步证明。

ACT 序列系统发育树结果显示：SYC4、SYC23 和绿头枝孢菌（*C. anthropophilum*）聚在同一分支，支持率为 97%；也与绿头枝孢菌（*C. anthropophilum*）的其他物种在同一大支；同时，还与 SYC63、芽枝状枝孢（*C. cladosporioides*）聚在一个大分支，支持率仅有 50%。这仍无法说明 SYC63 与其他物种的亲缘关系，可能是 ACT 基因序列在枝孢属中具有高度保守性，导致物种间差异性较低，使其聚到了同一分支。

将得到的3个核苷酸序列片段合并，利用数据库进行搜索确定近缘种，并下载已报道的枝孢属真菌的基因片段序列，除本研究的3株枝孢菌，还选取了已知的15个枝孢菌种、34个枝孢菌菌株进行系统发育树的构建。结果显示（图2–12）：SYC4与SYC23聚在同一个分支，支持率为97%；又与绿头枝孢菌（*C. anthropophilum*）在同一个大支，支持率为100%。这表明SYC4与SYC23亲缘关系近，且两者与绿头枝孢菌（*C. anthropophilum*）的亲缘关系近。SYC63与芽枝状枝孢（*C. cladosporioides*）的2个菌株在同一个大分支，支持率为97%，而芽枝状枝孢（*C. cladosporioides*）的2个菌株又聚在1支，支持率为96%。这表明SYC63与芽枝状枝孢（*C. cladosporioides*）的亲缘关系近。

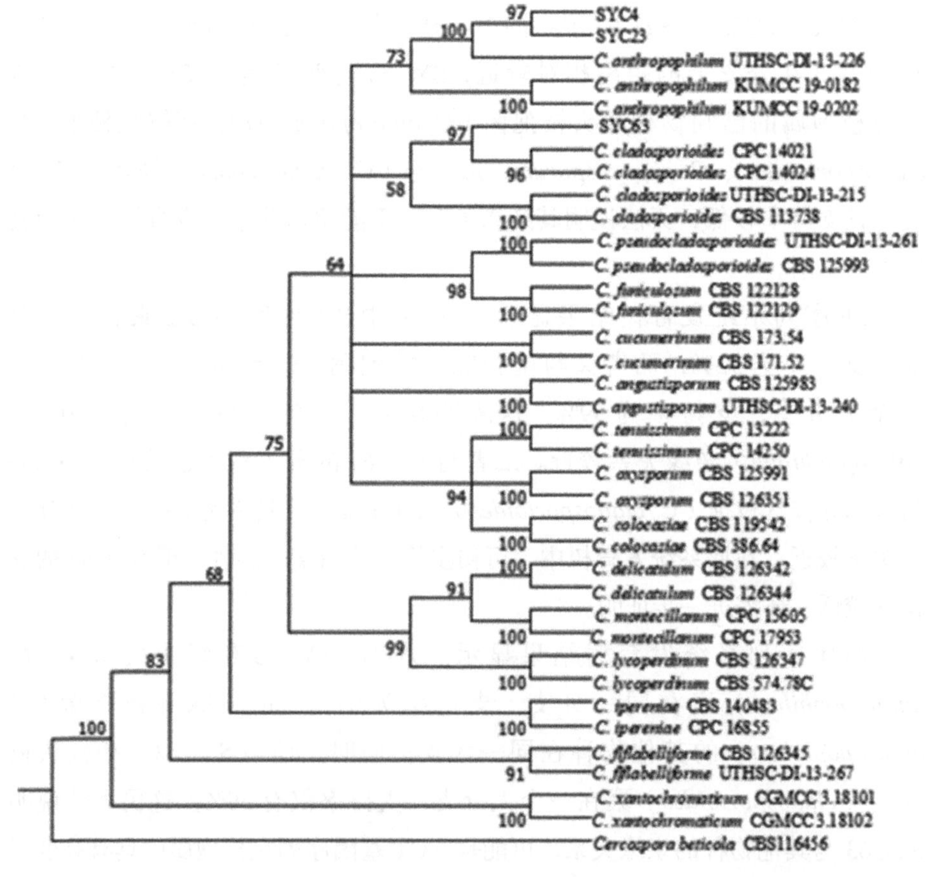

图2–12 SYC4、SYC23和SYC63的ITS、EF和ACT复合序列建树结果

对比 ITS、EF、ACT 及三者联合构建的系统发育树，发现其结果具相同性，又根据菌株的菌落形态、分生孢子的大小、孢子颜色等形态特征对比结果，最终鉴定为 SYC4、SYC23 是绿头枝孢菌（*C. anthropophilum*），SYC63 是枝状枝孢霉芽枝状枝孢（*C. cladosporioides*）。

2.3.2.4 重寄生枝孢菌对病原真菌的抑制作用

对 3 株重寄生菌分别与 7 种植物病原真菌进行平板对峙实验，利用 SPSS 方差分析，结果显示（表 2–8）：3 株枝孢菌对 7 种常见植物病原真菌均有不同的抑制作用，菌株 SYC4 对棉花枯萎病菌具较强的抑制作用，抑制率为 39%；对三七丝核病菌抑制作用最弱，抑制率为 23%；对其余 5 种植物病原菌抑制作用基本一致，为 30% 左右。菌株 SYC23 对棉花枯萎病菌和白菜黑斑病菌的抑制作用最好，抑制率分别为 45%、37%；对三七丝核病菌抑制作用

表 2–8　重寄生枝孢菌对植物病原真菌的抑制作用

病原真菌	对照	菌株 SYC4		菌株 SYC23		菌株 SYC63	
	菌落直径 / cm	菌落直径 / cm	抑菌 /%	菌落直径 / cm	抑菌 /%	菌落直径 / cm	抑菌 /%
三七丝核病菌	5.0 ± 0.39a	3.8 ± 1.73a	23	4.3 ± 0.33a	14	4.1 ± 1.82a	18
水稻稻瘟病菌	8.2 ± 0.19c	5.8 ± 0.29b	30	5.5 ± 0.43a	34	5.4 ± 2.43a	35
棉花枯萎病菌	7.9 ± 0.13c	4.9 ± 0.39ab	39	5.4 ± 0.22a	45	4.9 ± 0.25a	38
白菜黑斑病菌	7.9 ± 0.27c	5.3 ± 0.21ab	32	5.0 ± 0.52a	37	5.1 ± 0.11a	35
小麦雪腐病菌	7.7 ± 0.92bc	5.3 ± 2.40ab	31	5.4 ± 2.43a	30	5.4 ± 0.23a	30
黄瓜枯萎病菌	7.2 ± 0.08b	5.0 ± 2.26ab	30	4.7 ± 0.22a	35	4.7 ± 2.13a	35
辣椒炭疽病菌	8.3 ± 0.15c	5.7 ± 0.15b	31	5.5 ± 0.29a	34	5.2 ± 2.34a	37

注：各行中不同字母表示差异显著（$P<0.05$），相同字母表示差异不显著（$P>0.05$）。

较弱，抑制率 14%；对水稻稻瘟病、黄瓜枯萎病菌、辣椒炭疽病菌的抑制作用较强。菌株 SYC63 对棉花枯萎病菌和辣椒炭疽病菌的抑制作用最强，抑制率分别为 38%、37%；对三七丝核病菌的抑制作用同样是最弱的，抑制率为 18%；对黄瓜枯萎病菌、白菜黑斑病菌、水稻稻瘟病有相同且较强的抑制作用，抑制率都为 35%。就整体而言，3 株菌对棉花枯萎病菌的抑制作用最强，其次是白菜黑斑病菌，对三七丝核病菌的抑制作用是最弱的。

参考文献

[1] 谢津．石楠叶锈重寄生拟盘多毛孢的分离鉴定及次生代谢产物研究 [D]．昆明：西南林业大学，2016.

[2] 孔磊．重寄生拟盘多毛孢 cr013 菌株全基因组测定及 PKS 基因的多样性分析 [D]．昆明：西南林业大学，2021.

[3] 梅超．锈菌重寄生枝孢菌抗菌活性及重寄生机制分析 [D]．昆明：西南林业大学，2022.

[4] MAHARACHCHIKUMBURA S S N, HYDE K D, GROENEWALD J Z, et al. *Pestalotiopsis* revisited[J]. Studies in Mycology, 2014, 79: 121-186.

[5] KATOH K, MISAWA K, KUMA K I, et al. MAFFT: a novel method for rapid multiple sequence alignment based on fast Fourier transform[J]. Nucleic Acids Research, 2002, 30: 3059-66.

[6] 葛起新．中国真菌志：第 38 卷　拟盘多毛孢属 [M]．北京：科学出版社，2009.

[7] 李衍荷．红树林真菌多色青霉和细孢枝孢菌以及蕲艾次级代谢产物及其抗菌活性研究 [D]．北京：中国科学院大学，2017.

[8] 中国科学院中国孢子植物志委员会，张中义．中国真菌志：枝孢属 黑星孢 属梨孢属 [M]．北京：科学出版社，2003.

[9] BENSCH K, BRAUN U, GROENEWALD J Z, et al.The genus *Cladosporium*[J].Studies in Mycology, 2012, 72（1）: 1-401.

3 重寄生菌全基因组测定与分析

1986年，美国遗传学家Thomas Roderick首次提出基因组学（genomics）的概念。基因组学是研究生物体内所有基因的结构、组成和功能的学科，可通过阐明整个基因组结构、功能和基因之间的相互作用，从整体上探索基因组在生命活动中的作用及内在规律，是系统生物学研究的重要手段。近几年，高通量技术发展迅速，基因组测序成本低，已有超过500个真菌基因组被公开（http://genome.jgi.doe.gov/fungi /fungi.info.html）。基因组学的迅速发展促进了科学家们对真菌生活策略和进化、物种互作、功能基因及次级代谢产物基因簇挖掘等方面的研究。

3.1 重寄生拟盘多毛孢菌 cr013 全基因组测定与分析

3.1.1 微生物材料

cr013菌株分离自华山松疱锈病的锈孢子堆，菌株保存在西南林业大学生物化学教研室。

3.1.2 实验步骤与方法

3.1.2.1 样品培养

将cr013菌株的分生孢子接种到改良Fries液体培养基中（1.0g KH_2PO_4，0.5g $MgSO_4 \cdot 7H_2O$，0.1g NaCl，0.13g $CaCl_2 \cdot 2H_2O$，20.0g 蔗糖，5.0g 酒石

酸铵，1.0g 酵母浸膏，1.0g NH_4NO_3，1000mL 蒸馏水；自然 pH 值），室温下 150r/min 培养 60h 后，过滤收集，用无菌水冲洗 3 次，用液氮储存样品，送至华大基因科技有限公司（中国青岛）进行基因组测序的工作。

3.1.2.2 基因组 DNA 提取及 WGS 文库构建

利用下一代测序（NGS）和 Nanopore 测序技术共同构建 WGS 文库。

（1）下一代测序

利用 Tiangen 细菌基因组 DNA 提取试剂盒提取 cr013 菌株的基因组 DNA，提取物使用 DNase-free 的 RNase 处理，消除 RNA 污染，用 Qubit 3.0 荧光分析仪定量 DNA，用凝胶电泳检测 DNA 完整性。最后，使用 Covaris E220 超声仪（Covaris，Brighton，UK）将 DNA 打断成 50 ～ 800bp 的片段，使用 AMPure XP beads（Agencourt，Beverly，MA，USA）选取 150 ～ 250bp 的 DNA 片段，再用 T4 DNA 聚合酶（ENZYMATICS，Beverly，MA，USA）进行末端修复。将这些 DNA 片段两端连接到 adapter 的 T 尾上并扩增 8 个循环，扩增产物即为单链环状 DNA 文库。所有的 NGS 文库都在 BGISEQ-500 平台（BGI-Qingdao，China）上进行测序，最终得到 100bp 的双端测序原始数据。

（2）Nanopore 测序

cr013 菌株使用血液和细胞培养 DNA 迷你试剂盒（13323，Qiagen），根据说明书要求，从 3×10^8 个细胞中提取基因组 DNA。使用量子位荧光仪（Thermo Fisher）中的 dsDNA BR 分析对基因组 DNA 进行定量，脉冲场凝胶电泳（PFGE）检测 DNA 完整性。为了得到 Oxford Nanopore 长片段，我们使用 BluePippin（Sage Science）对约 5μg 的基因组 DNA 进行片段选择。文库制备和测序均按照说明书使用 Oxford Nanopore Ligation Sequencing KITS SQK-LSK 109 进行。DNA 修复处理、末端修复、加 A 尾使用 NEBNext FFPE DNA Repair Mix（M6630，New England Biolabs）和 NEBNext Ultra II End Repair/dA-tailing Module（E7546，New England Biolabs）完成。随后使用 AMPure XP 珠子（A63882，Beckman Coulter）对 DNA 进行纯化。使用 NEBNext Quick T4 DNA Ligase（E6056，New England Biolabs）将 DNA 连接到 adaptor 上。根据说明书要求在 FLO-MIN 106D R9.4.1 上进行文库上样，并在 GridION 仪器上测序 48h。

3.1.2.3 基因组测序与组装

将 WGS 文库加载到 BGISEQ-500 平台（BGI- 青岛，中国）上进行测序，得到原始的 100bp 双端测序数据。使用 SOAPnuke（v1.6.5）过滤出高 N 碱基和低质量碱基获得原始读数，参数为“-l 15 -q 0.2 -n 0.05 -Q 2 -c 0”。采用 dsDNABR 分析法对基因组 DNA 进行定量，脉冲场凝胶电泳检测 DNA 完整性。利用 BluePippin（SAGE Science）选择 5μg 的基因组 DNA 片段，以此获得长的 Oxford nanopore 片段，利用 Oxford Nanopore 连接测序试剂盒 SQK-LSK109 制备文库并测序。使用 NEBNext FFPE DNA Repair Mix（M6630，New England Biolabs） 和 NEBNext Ultra II End Repair/dA-tailing Module（E7546，New England Biolabs）进行 DNA 修复、末端修复和加 A- 拖尾，用 AMPureXP（A63882，Beckman-Coulter）纯化 DNA，再用 NEBNext-Quick-t4dna 连接酶（E6056，New England Biolabs）将 DNA 连接到适配器上。根据说明，将样品加载到 FLO-MIN 106D R9.4.1 上，并在 GridION 上测序 48h。在组装之前，我们根据第二代数据进行了 k-mer 分析，以估计基因组的大小、杂合度和重复性。利用 Canu（Canu ＞ 2 kb，参数为 useGrid=false maxThreads=30 maxMemory=60 g -nanopore-raw *.fastq -p -d）对 Nanopore 数据进行组装，最后利用 Pilon 对二代数据进行碱基纠错，得到最终组装结果，BUSCO（v3.0.1）用于评估同源基因的单拷贝，抽取了数百个基因组，筛选出单拷贝同源大于 90% 的基因作为直系同源基因集，比较基因组组装结果，评价基因组组装的完整性。

3.1.2.4 基因预测与功能注释

基因注释通过近缘物种的同源注释（homolog）和基于模型从头预测（denovo）这两种方式分别进行基因结构注释，利用整合软件对不同注释结果进行整合。从NCBI中下载了2个近缘物种*P. fici* W106-1（GCA_000516985.1）和 *Pestalotiopsis* sp. JCM 9685（GCA_001599175.1），使用 GeneWise（默认参数）对基因组进行同源注释。Denovo 注释，使用 Augustus 和 GeneMark 软件对组装基因组进行基因预测，参数均为 --ES –fungus。最后，使用 EVM 整合多种注释方式得到注释结果，其中同源注释结果设置权重为 10，两个 Denovo

软件预测结果设置权重各为 1。

使用 BLAST（v2.2.26）（参数为 -p blastp -e 1e-5 -F F -a 4 -m 8，E-value < 1×10^{-5}）对 KEGG、SwissProt、COG、CAZy、NR、GO、ARDB 和 PHI 数据库对预测的基因进行校准。同时，基因基序和结构域使用多个蛋白质数据库（Pfam、SMART、PANTHER、PRINTS、ProSite 和 ProDom）进行识别，最后将 cr013 菌株的组装结果上传到 antiSMASH v5.0 网站，以此鉴定次级代谢物基因簇。

3.1.2.5 重复序列注释

基因组中的重复序列主要有以下 2 种类型：①串联重复序列（Tandem Repeat，TR）即相邻的重复两次或多次特定核酸序列模式的重复序列，使用 Tandem Repeats Finder（TRF，v4.0）对串联重复序列进行注释；②散在重复序列（Transposable element，TE），使用从头预测和同源注释相结合的方式进行 TEs 序列的注释。其中同源注释通过 RepeatMasker v4.0.5（参数为 -nolow -no_is -norna -engine wublast）和 RepeatProteinMasker v4.0.5（参数为 -noLowSimple -pvalue 0.0001）软件与已知的重复序列库（Repbase16.02）进行比较。使用 RepeatModeler v1.0.8 和 LTR-FINDER v1.0.6 以及默认参数对从头预测重复库进行评估。基于 denovo 识别的重复序列，使用 RepeatMasker v4.0.5（参数为 -nolow -no_is -norna -engine wublast）对重复序列进行分类。此外，使用 Tandem Repeat Finder v4.04（参数为 2 7 7 80 10 50 2000 -d -h）识别 TEs。

3.1.3 结果与分析

3.1.3.1 基因组提取及质量检测

用 Qubit 荧光仪对 cr013 菌株基因组 DNA 进行浓度和纯度检测，并用 1% 琼脂糖凝胶电泳检测 DNA 完整性，cr013 菌株上样体积为 2μL。检测结果如图 3-1 所示，检测条带单一，说明该菌株提取的基因组完整性较好。使用 BD Image Lab 软件计算

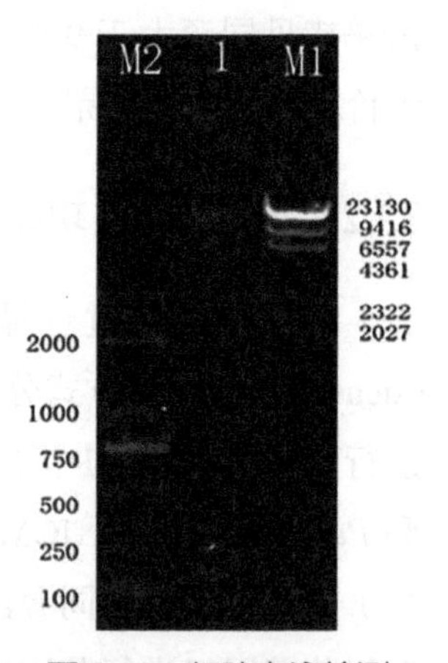

图 3-1 凝胶电泳检测 cr013 菌株 DNA 的完整性

电泳图谱中 DNA 条带的量，cr013 菌株的样品总量为 6μg，A260/A280=1.89，A260/A230=2.29；依据《Nanopore 基因组测序样本质量标准》，该检测结果表明该样品质量满足建库测序要求，可以进行后续的全基因组测序。

3.1.3.2 基因组质量评估

基于 BGI-500 平台数据对组装结果进行了 GC- 无畸变极化转移技术 h 分析，展现样品 GC 含量及深度分布，由图 3-2 可以看出 cr013 样品无污染。通过 fqcheck 软件对数据进行质量评估，图 3-3 为 cr013 的碱基组成情况，可以看出曲线开头出现轻微的波动，但属于 BGI-seq 500 测序平台的典型特征，对数据无影响。A 与 T，C 与 G 碱基的分布曲线都是两两分别重合的，属于正常情况。图 3-4 为 cr013 的碱基质量情况，可知超过 90% 的 cr013 样本的碱基质量值均大于 20，其中大部分碱基质量值都大于 30 且分布曲线平缓，且仅有少部分样本的碱基质量值小于 20，说明这个 lane 的测序质量比较好。

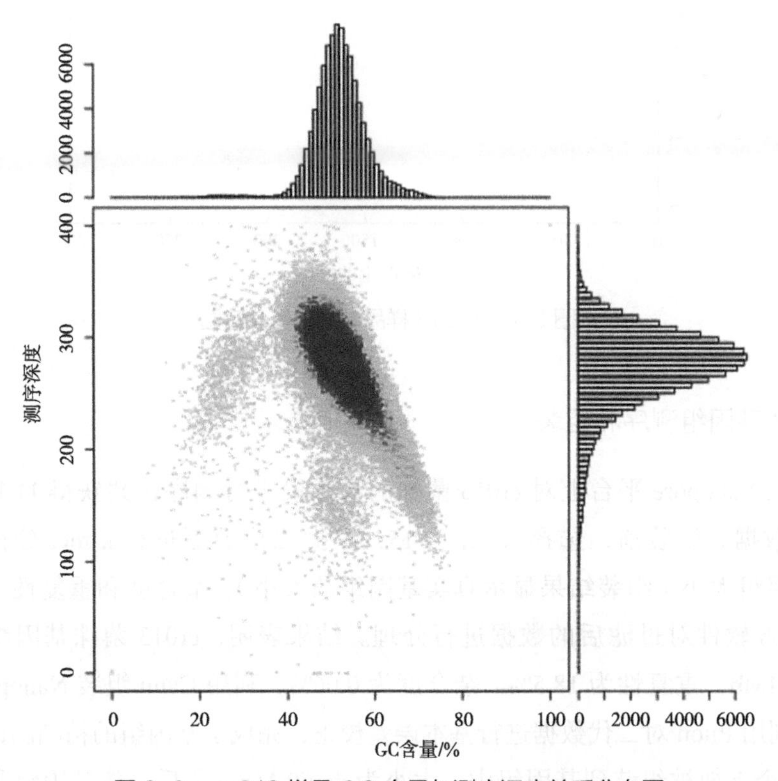

图 3-2　cr013 样品 GC 含量与测序深度关系分布图

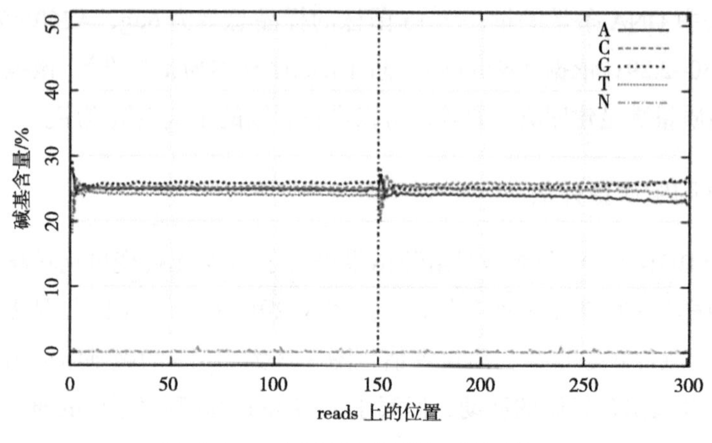

图 3-3　cr013 样品碱基组成分布图

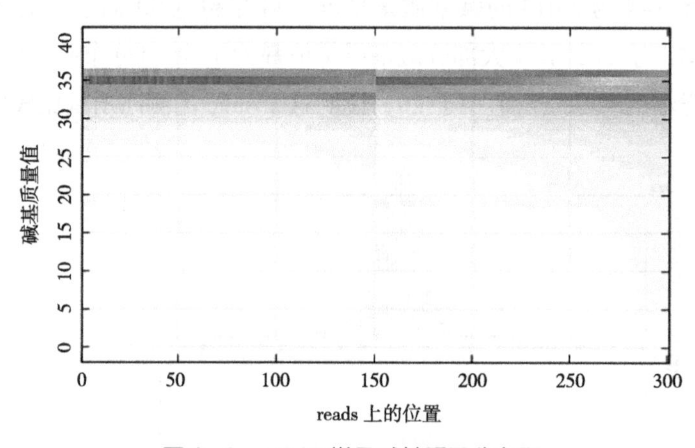

图 3-4　cr013 样品碱基质量分布图

3.1.3.3 基因组测序和组装

在 Nanopore 平台上对 cr013 菌株的长片段进行测序，共获得 11.10G 的原始数据。组装前，选择 Kmer 为 15，根据二代数据进行 k-mer 分析，估计基因组大小（组装结果显示真实基因组的大小）、杂合度和重复性。利用 Jellyfish 软件对过滤后的数据进行处理。结果表明，cr013 菌株基因组大小为 47.4Mb，重复性为 18.5%，杂合度为 0.06%。利用 Canu 组装 Nanopore 数据，利用 Pilon 对二代数据进行基本误差校正，完成了基因组的精细图谱。共有 13 个支架被组装到基因组中，大小为 46.69 Mb。最后，将基因组利用数据库（sordariomyceta_odb9）进行BUSCO完整性评估，结果表明，基因组中有97.2%的核心基因被注释到，完整和单拷贝的BUSCOs为96.80%，完整和重复的BUSCOs为0.4%，片段的BUSCOs为1%，缺失的BUSCOs为1.8%，总的BUSCO组有3725个，反映了组装结果的高度完整性。

3.1.3.4 基因组特征

重寄生拟盘多毛孢cr013菌株（GenBank登录号为GCA_018092615.1）共组装成了13个scaffolds，N50为6.39Mb，基因组大小为46.69Mb，GC含量为52.1%。共预测到14893个基因，cr013菌株的重复序列为2.07%，转座因子（TE）含量为1.68%（表3-1）。

表3-1　cr013菌株基因组特征

特征	cr013
基因组大小/Mb	46.69
Scaffolds数目/个	13
N50/Mb	6.39
GC含量	52.1
重复序列/%	2.07
编码基因	14893
每个基因的外显子	2.95
外显子长度/bp	498.14
内含子长度/bp	113.76
转座子/%	1.68

3.1.3.5 基因预测和功能注释

在获得cr013菌株的基因组后，对基因数据库进行比较和注释，以确定基因的功能和相关描述。本研究中，cr013菌株的基因组进行了NR、KEGG、COG、SwissProt、GO、ARDB、PHI和CAZy注释，共有94.10%的蛋白质序列的特定功能在8个数据库中被注释。结果表明，该菌株基因集的整体功能分类，为后续研究确定目标功能基因提供了方便，结果见表3-2。

表 3-2　不同数据库的注释结果

cr013	数目 / 个	占比 /%
NR	14003	94.02
Swissport	8869	59.55
KEGG	9768	65.59
COG	2812	18.88
GO	8924	59.92
CAZy	710	4.77
ARDB	20	0.13
PHI	1735	11.65
Overall	14014	94.10

（1）KEGG 通路

KEGG 富集分析表明 129 条代谢途径中富集了 9768 个基因，其中涉及基因最多的是表 3-3 中的 10 条代谢途径。基因通常按照 KEGG 代谢途径类别分为 5 个大类别，即细胞过程（红色）、环境信息处理（蓝色）、遗传信息处理（绿色）、代谢（紫色）和有机系统（橘色），共 22 个组分。由 KEGG 通路分类（图 3-5）表明最丰富的是代谢途径，共有 9312 个基因与代谢物的途径相关，占比高达 95.33%，初步推测 cr013 菌株具有产出丰富代谢物的巨大潜力。

表 3-3　cr01 菌株的 KEGG 通路的基因注释

通路	注释的基因数目 / 个	通路 ID
代谢途径	3279	ko01100
次级代谢的生物合成	1153	ko01110
抗生素的生物合成	816	ko01130
MAPK 信号通路 – 酵母	404	ko04011
甘氨酸、丝氨酸和苏氨酸代谢	356	ko00260
RNA 转运	304	ko03013
氨基酸的生物合成	288	ko01230
碳代谢	280	ko01200
甘油磷脂代谢	231	ko00564
减数分裂 – 酵母	230	ko04113

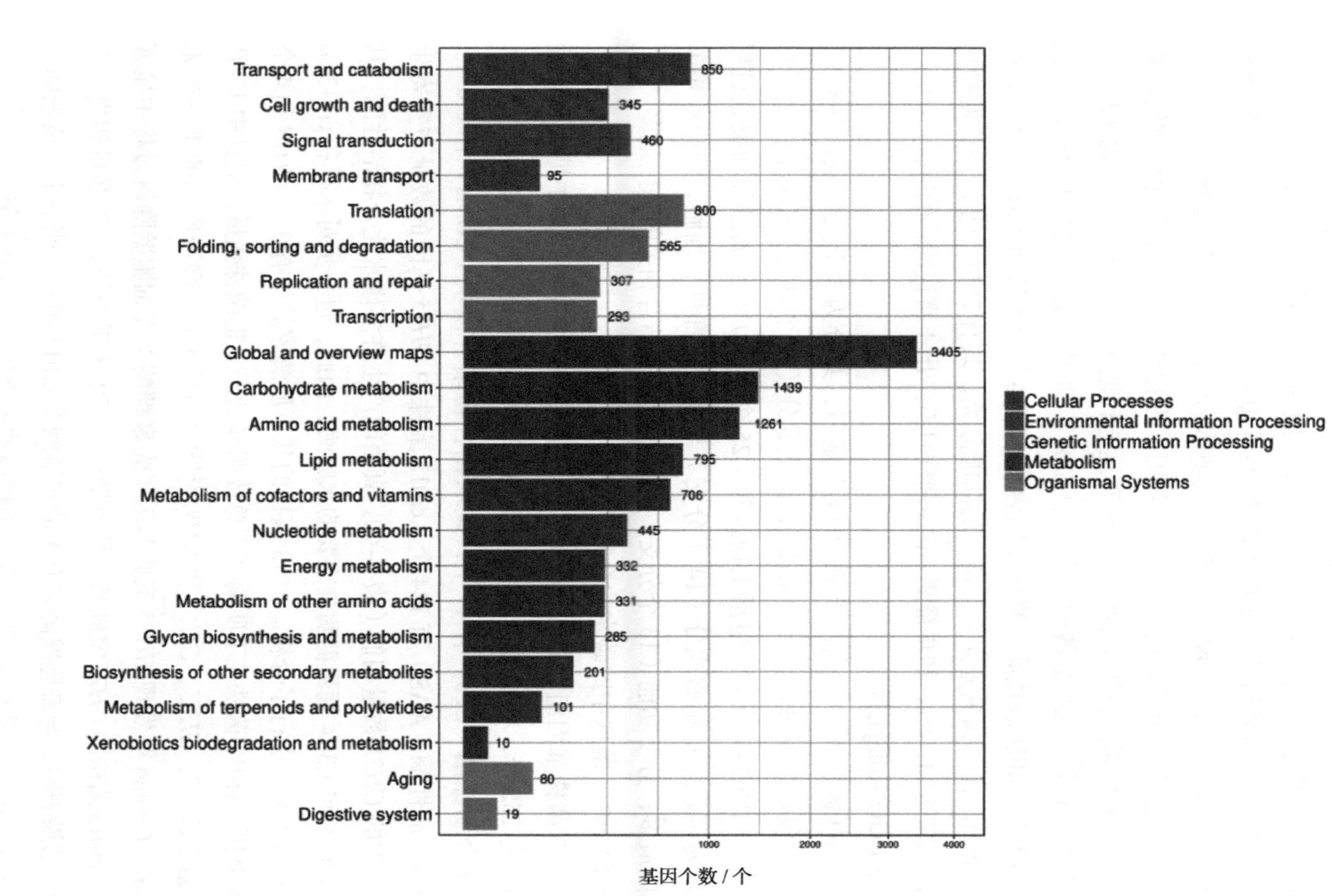

图 3-5 cr013 菌株的 KEGG 通路分类

（2）COG 功能分类

通过 COG 数据库对 cr013 菌株测序得到的基因进行分类，2812 个基因分为 4 个大类别，共 24 个组分（图 3–6）。除了一般功能预测外，涉及最多的基因为翻译后修饰、蛋白质转换、伴侣蛋白（195 个基因，占比 6.93%），信号转导机制（171 个基因，占比 6.08%），翻译、核糖体结构和生物发生（228 个基因，占比 8.1%），氨基酸转运和代谢（271 个基因，占比 9.63%），碳水化合物转运和代谢（306 个基因，占比 10.9%），辅酶转运与代谢（206 个基因，占比 7.32%），能量生产与转化（327 个基因，占比 11.62%），脂质转运与代谢（376 个基因，占比 13.37%）和次级代谢产物的生物合成、转运和分解代谢（319 个基因，占比 11.34%）。其中棕色分支为代谢物的功能分类，共有 2017 个基因与代谢物相关，占比高达 71.72%，初步推测 cr013 菌株具有产出丰富代谢物的巨大潜力。

（3）GO 功能注释

在 GO 数据库中，共注释到 8924 个基因，共分为 3 个大类别，共有 52 个分支，包括生物过程（25个分支）、细胞成分（14个分支）和分子功能（13 个分支）如图 3–7 所示。包括生物过程（25 个分支）与金属过程和细胞过程相关的基因最多；细胞成分（14 个分支）与膜、膜部件、细胞、细胞器相关的基因最多；分子功能（13 个分支）与数量活性和结合相关的基因最多。

（4）cr013 菌株中的碳水化合物活性酶

cr013 菌株基因组在 CAZy 数据库中注释到 709 个基因，其中糖苷水解酶（GHs）有 255 个，糖基转移酶（GTs）有 92 个，多糖裂解酶（PLs）有 17 个，碳水化合物酯酶（CEs）有 41 个，碳水化合物结合模块（CBMs）有 170 个，Australian 活性酶（AAS）有 134 个。cr013 菌株中 *GH75* 基因的数量与重寄生木霉菌中的 *GH75* 数量相似（表 3–4）。真菌能产生许多碳水化合物活性酶，其中几丁质酶和 1,3-*β*- 葡聚糖酶是重要的水解酶。因此，进一步对木霉和 cr013 菌株中的 GH 家族进行了分析。cr013 菌株的几丁质酶家族中有 3 个 *GH18* 和 4 个 *GH19* 基因。cr013 菌株几丁质酶基因总数明显低于木霉菌株数量，但其中 1,3-*β*-葡聚糖（*GH17*、*GH55*、*GH64* 和 *GH81* 家族）为 20 个，高于所选的重寄生木霉数量。Cuomo 等发现 *GH75* 家族基因（壳聚糖酶）在细胞壁降解过程中显著增加。cr013 菌株中 *GH75* 家族基因的数量与重寄生木霉中的 *GH75* 数量相当（表 3–4）。结果表明，与细胞壁降解有关的水解酶在 cr013 菌株中明显少于所选的重寄生木霉，进一步说明木霉与拟盘多毛孢属的重寄生机制存在差异。

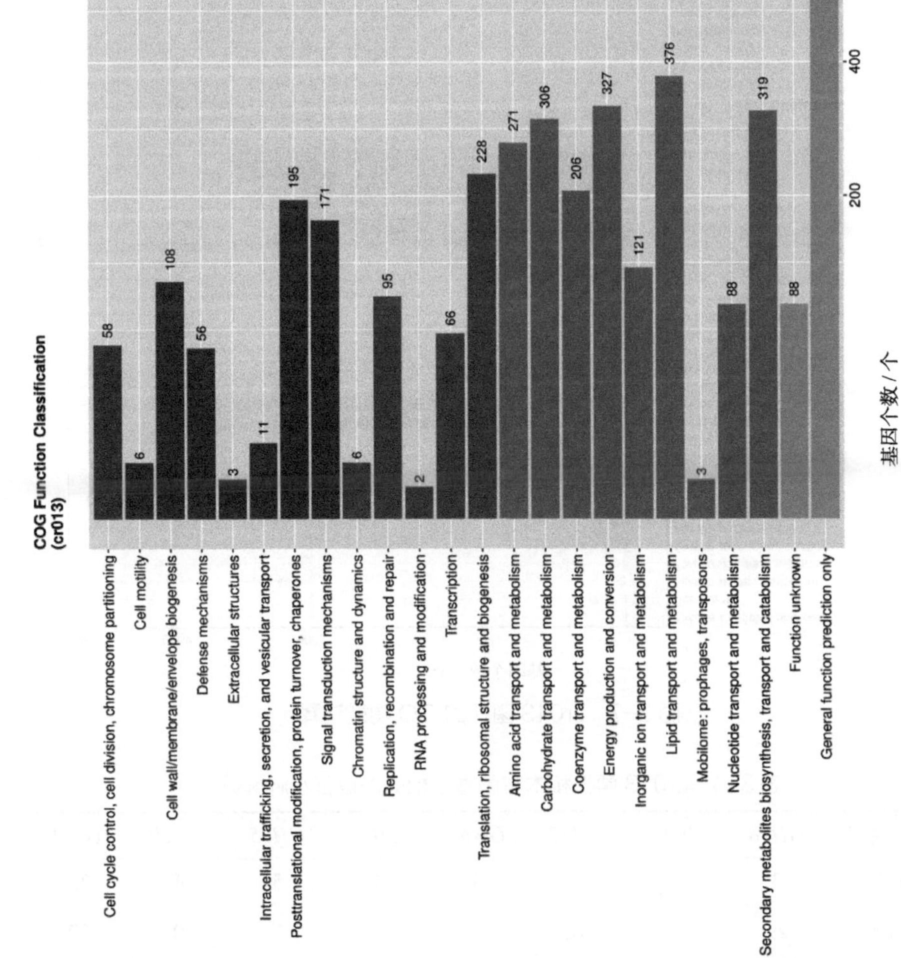

图 3-6　cr013 菌株的 COG 功能分类

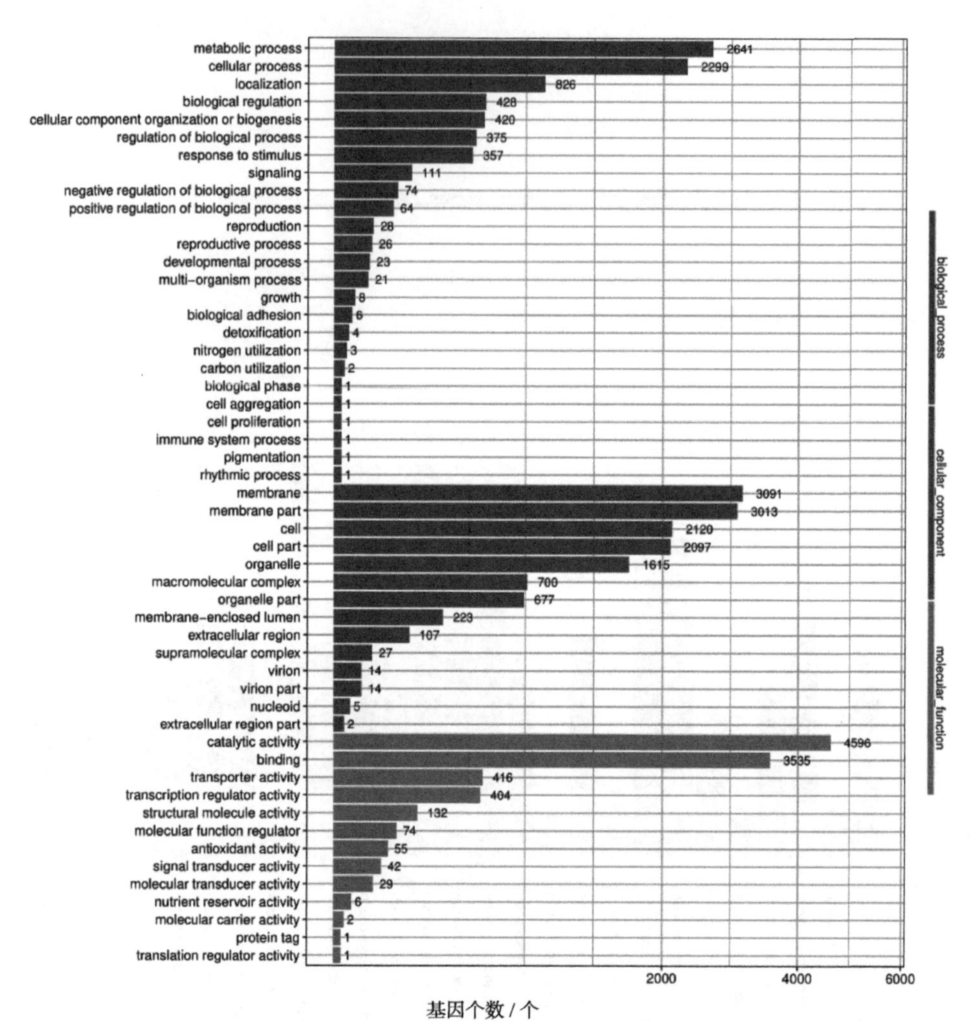

图 3-7　cr013 菌株的 GO 功能注释

表 3-4　cr013 菌株和木霉菌寄生相关的糖苷水解酶数目

物种	*GH18*	*GH17*	*GH55*	*GH64*	*GH81*	*GH75*	*GH19*	Total
cr013	3	7	9	3	1	5	4	32
深绿木霉	29	5	8	3	2	5	0	52
绿木霉	36	4	10	3	1	5	0	59
瑞氏木霉	20	4	10	3	1	5	0	43
哈茨木霉	20	4	5	3	2	4	0	38

（5）PHI 注释

PHI（Pathogen Host Interactions）是病原－宿主相互作用的数据库。结果表明，cr013 基因组中有 1735 个 PHI 相关的基因，占比 11.65%。这表明该基因组中有 1735 个基因与宿主之间的相互作用有关，表 3–5 是与宿主互作相似性最高的 20 条基因，其主要病原菌有水稻稻瘟病菌、镰刀菌、炭疽菌、大麦云纹病菌、曲霉菌等。

（6）ARDB 注释

ARDB（Antibiotic Resistance Genes Database）是帮助检测抗生素耐药基因及相关信息的数据库。由注释结果可知，注释到 20 个抗生素耐药基因，占比 0.13%。evm.model.tig00000009 pilon pilon pilon.2154、evm.model.tig00000027 pilon pilon pilon.1420、evm.model.tig00037640 pilon pilon pilon.1702 基因，相似性分别为 60.78%、55.77%、51.20%。这些基因的表达产物对维吉尼亚霉素乙酰转移酶的表达产生影响，使靶向药物失活，从而对抗生素产生耐药性。其余基因的相似性较低，为 40% ～ 49%，它们的产物均能影响不同抗生素的表达，产生耐药性。

3.1.3.6 cr013 菌株产次级代谢产物的潜力

利用 antiSMASH 软件（参数默认）分析 cr013 菌株和其他所选真菌的次级代谢产物基因簇，结果见表 3–6。antiSMASH 分析结果表明，cr013 菌株的基因分布在 64 个基因簇中，包括 6 个萜类，9 个非核糖体肽合成酶（nonribosomal peptide synthetase，NRPS），15 个 类 似 NRPS，19 个 T1 PKS，2 个 Indoles，6 个 杂 合 NRPS-PKS，2 个 杂 合 NRPS-Terpenes，1 个 1 Batalactone，1 个 RiPP，2 个杂合 Indole-PKS。与所选真菌比较，结果表明，cr013 菌株的次级代谢产物基因簇数目多于重寄生木霉真菌数目，少于内生拟盘多毛孢真菌数目。cr013 菌株含有杂合的 NRPS-terpene，在参考的拟盘多毛孢菌中没有预测到该类次级代谢物，说明 cr013 菌株具有产生丰富次生代谢产物的潜力。细胞色素 P450 也参与了真菌中许多重要的细胞过程和复杂的生物转化过程，这类酶催化初级和次级代谢途径的疏水中间产物的转化。cr013 基因组中有 234 个细胞色素 P450 基因和 74 个蛋白酶基因，明显多于所选的木霉属真菌，其中有 13 个基因是 C2H2 转录因子，3 个基因是 Zn2Cys6 转录因子，数量明显少于木霉属真菌（表 3–7）。

表 3-5　cr013 菌株基因组中与 PHI 相关的相似性最高的 20 条基因

Gene ID	相似性 /%	*E* 值	PHI ID	PHI	基因	病原菌
00000027 pilon.1180	100	5E-107	PHI：2108	CAM	Q9UWF0	稻瘟病菌（*Magnaporthe oryzae*）
00037638 pilon.868	99.15	0	PHI：251	FGA1	Q96VA7	尖孢镰孢菌（*Fusarium oxysporum*）
00000025 pilon.872	98.31	0	PHI：170	CMK1	Q9UW09	黄瓜炭疽病菌（*Colletotrichum lagenarium*）
00000027 pilon.857	96.59	1E-149	PHI：4736	MoYpt7	G4MYS1	稻瘟病菌（*Magnaporthe oryzae*）
00000014 pilon.1891	96.55	5.00E-120	PHI：2109	CNB	G4MNE6	稻瘟病菌（*Magnaporthe oryzae*）
00000025 pilon.932	95.83	1.00E-78	PHI：1468	GzCCAAT008	Q4HTT1	禾谷镰孢菌（*Fusarium graminearum*）
00000025 pilon.1754	95.48	8.00E-143	PHI：780；PHI：787；PHI：808；PHI：2054	MGG 02731; Rac1	G5EH19	稻瘟病菌（*Magnaporthe oryzae*）
00000027 pilon.181	95.36	0	PHI：6410	FgCdc12	I1RT81	禾谷镰孢菌（*Fusarium graminearum*）
00000014 pilon.877	75.17	7.00E-98	PHI：1604	GzOB045	I1S1V9	禾谷镰孢菌（*Fusarium graminearum*）
00037641 pilon.1568	94.84	0	PHI：1235	FGSG 08731	I1RWQ2	禾谷镰孢菌（*Fusarium graminearum*）
00000009 pilon.1823	94.68	0	PHI：153	OSM1	Q9UV51	稻瘟病菌（*Magnaporthe oryzae*）
00037640 pilon.340	93.17	2.00E-112	PHI：1563	GzOB003	I1RAX7	禾谷镰孢菌（*Fusarium graminearum*）
00000009 pilon.492	93.02	0	PHI：6092	FgVps26	I1RC52	禾谷镰孢菌（*Fusarium graminearum*）
00037641 pilon.1276	92.87	0	PHI：823	beta-tubulin	P53376	喙孢霉（*Rhynchosporium commune*）
00037638 pilon.2228	92.58	0	PHI：1566	GzOB006	I1RC95	禾谷镰孢菌（*Fusarium graminearum*）
00000014 pilon.142	92.22	0	PHI：2530	TUB1	Q4WKG5	烟曲霉（*Aspergillus fumigatus*）
00037640 pilon.1228	92.19	0	PHI：1218	FGSG 00677	I1RAY2	禾谷镰孢菌（*Fusarium graminearum*）
00000009 pilon.1976	92.06	2.00E-138	PHI：3280	CoRAS1	N4VQQ5	葫芦科刺盘孢（*Colletotrichum orbiculare*）
00000027 pilon.199	91.9	0	PHI：1200；PHI：4587	Gsk3; Fgk3	I1RT36	禾谷镰孢菌（*Fusarium graminearum*）
00000014 pilon.663	91.71	0	PHI：2386	ACL1	I1S7N4	禾谷镰孢菌（*Fusarium graminearum*）

表 3-6　cr013 和所选真菌次级代谢产物相关核心基因的数量

物种	萜类	NRPS	NRPS-like	T1 PKS	T3 PKS	吲哚	NRPS-PKS	Batalactone	NRPS- Terpene	RiPP	Indole-PKS	总数
cr013	6	9	15	19	1	2	6	1	2	1	2	64
P. fici	10	11	16	24	1	4	4	2		2	1	75
P. sp. JCM	10	12	14	18	1	3	5	1		1	2	67
T. atroviride	8	10	10	12			4					44
T. virens	10	16	11	14			6		1		1	59
T. reesei	8	6	5	9			4					32
T.harzianum	9	9	9	20			8			1		56

表 3-7　cr013 菌株中 P450 酶、蛋白酶和 Zn2Cys6 转录因子的数量

其他基因	cr013	深绿木霉（*T. atroviride*）	绿木霉（*T. virens*）	瑞氏木霉（*T. reesei*）	哈茨木霉（*T.harzianum*）
细胞色素 P450	234	15	40	7	50
蛋白酶	74	23	28	2	53
Zn2Cys6 转录因子	3	69	95	9	7

通过基因组测序有望发现更多的次生代谢产物。利用 antiSMASH 软件（参数默认）分析 cr013 菌株和其他所选真菌的次级代谢产物基因簇。结果表明，cr013 菌株的次级代谢产物基因簇数目多于重寄生木霉真菌数目，少于内生拟盘多毛孢真菌数目。cr013 菌株含有杂合的 NRPS-terpene，在参考的拟盘多毛孢真菌中没有预测到该类次级代谢物，说明 cr013 菌株具有产生丰富次生代谢产物的潜力。真菌次生代谢产物的生物合成还需要调控因子、转运因子和其他核心基因。细胞色素 P450 酶在真菌生物学和生态学中具有重要作用，细胞参与了多种次级代谢物的产生，并在生物体对特定环境的适应中发挥了重要作用。cr013 菌株的 P450 酶和蛋白酶含量明显高于所选菌株，说明 cr013 菌株可能产生更多的次生代谢产物。转录因子参与次级代谢产物的合成并调节基因表达，Zn2Cys6 转录因子可调控基因簇的表达，cr013 菌株的 Zn2Cys6 转录因子数量少于所选真菌，且存在明显差异，有待进一步研究。

重寄生拟盘多毛孢 cr013 菌株对锈菌孢子具有致死性，对寄主植物安全，是一种潜在的生防真菌。同时，它还表现出能够产生次生代谢产物的巨大潜力。因此，其具有很好的研究价值。本书首次报道了重寄生拟盘多毛孢菌的全基因组信息，基因组数据为研究人员们更好地了解拟盘多毛孢重寄生的生存策略提供了理论依据，该基因组序列也将有助于进一步研究和挖掘具有生物活性的新次级代谢物和代谢途径。

3.2 重寄生拟盘多毛孢菌 PG52 全基因组测定与分析

本研究通过对重寄生拟盘多毛孢 PG52 菌株进行全基因组测序，并对全基因组数据进行基因注释和预测。对基因注释结果进行分析，以鉴定次级代谢产物相关基因簇。

3.2.1 材料和方法

3.2.1.1 微生物材料

从石楠叶锈病菌的锈孢子堆上分离出 1 株拟盘多毛孢属（*Pestalotiopsis*）

真菌，菌株编号为 PG52，保存在西南林业大学生物化学教研室。

3.2.1.2 菌丝体样品制备

在改良 Fries 培养基上培养 PG52 菌株，室温下培养 3d 后，小心地刮下菌丝体，保存在液氮中备用。

3.2.1.3 DNA 提取和 WGS 文库的构建

使用 TIANGEN（Tiangen，Beijing，China）细菌基因组 DNA 提取试剂盒提取 PG52 菌株的 DNA，并用 Covaris E220 超声仪（Covaris，Brighton，UK）将其剪切成 100 ～ 800bp 大小的片段。使用 AMPure XP beads（美国马萨诸塞州贝弗利市 Agencourt 公司）选择了高质量的 DNA。使用 T4 DNA 聚合酶（Enzymatics，Beverly，MA，USA）修复后，将选定的片段两端连接到 T 尾衔接子上，并使用 KAPA HiFi HotStart ReadyMix（Kapa Biosystems，Wilmington，NC，USA）进行扩增。然后，使用 T4 DNA 连接酶对扩增产物进行单链环化处理，以生成单链环状 DNA 库。

3.2.1.4 基因组测序和组装

NGS 文库已在 BGISEQ-500 平台上加载并测序。原始数据可从 GenBank 中获得。使用参数为 -l 15 -q 0.2 -n 0.05 -Q 2 -c 0 的 SOAPnuke（v1.5.6）过滤掉 Ns（歧义碱基）和低质量碱基的原始读取。然后，使用 canu 参数为 -useGrid=false maxThreads=30 maxMemory=60 g -nanopore-raw *.fastq -p -d 组装干净的 NGS（“下一代” 测序技术）数据。组装完成后，使用 BUSCO（v3.0.1）对 PG52 的组装结果进行置信度评估。

3.2.1.5 重复性元件和非编码 RNA 基因的鉴别

使用多种工具对重复序列进行识别。使用 RepeatMasker（v4.0.5）和 RepeatProteinMasker（v4.0.5）分别在 DNA 和蛋白质水平上使用参数 -nolow -no_is -norna -engine wublast 和参数 -noLowSimple -pvalue 0.0001 比对 Repbase 数据库来识别 TEs。同时，使用默认参数的 RepeatModeler（v1.0.8）和 LTR-FINDER（v1.0.6）检测 de novo repeat 库。根据重新识别的重复序列，使用相

同参数的 RepeatMasker（v4.0.5）对重复元素进行分类。最后，使用 Tandem Repeat Finder（v4.07）识别串联重复序列，参数为 -Match 2 -Mismatch 7 -Delta 7 -PM 80 -PI 10 -Minscore 50 -MaxPeriod 2000。

3.2.1.6 基因预测和基因组注释

将预测的基因与 KEGG、Swiss-Prot、COG 进行比对。使用 blastall（v2.2.26）参数为 -p blastp -e 1e-5 -F F -a 4 -m 8 的 CAZy，NR 和 GO 数据库。PG52 菌株的装配体已上传至 antiSMASH（v5.0），以鉴定次级代谢产物相关基因簇。

3.2.1.7 拟盘多毛孢 PG52 基因组和转录组结合分析

采用与基因组测序完全相同的拟盘多毛孢 PG52 菌株。在改良 Fries 培养基上培养 PG52 菌株，在相同室温下培养 3d 后，小心地刮下菌丝体，保存在液氮中备用。从组织样品中提取 total RNA，利用 Nanodrop2000 对所提取的 RNA 的浓度和纯度进行检测，利用带有 Oligo（dT）的磁珠与 ployA 进行 A-T 碱基配对，从总 RNA 中分离出 mRNA。加入 fragmentation buffer，将 mRNA 随机断裂，通过磁珠筛选分离出 300bp 左右的小片段。在逆转录酶的作用下，加入六碱基随机引物（random hexamers），以 mRNA 为模板反转合成一链 cDNA，随后进行二链合成，形成稳定的双链结构。进行组装，最终得到拼接结果文件。利用 Trinity 进行拼接后，统计组装得到的 transcripts 及 unigenes 各项组装指标，利用 TransRate 和 BSUCO 对组装结果进行整体评估。将基因组数据中挖掘得到的与重寄生机制相关的基因带入转录组数据中进行比较，如果该基因在转录组数据中能够被检测到，就说明该基因在样品中表达，并对其表达情况进行分析。

3.2.2 结果与分析

3.2.2.1 重寄生拟盘多毛孢 PG52 基因组提取和质量检测

使用 Qubit 荧光计测量提取 PG52 菌株的 DNA 的质量和浓度，然后对该 DNA 进行 1%琼脂糖凝胶电泳，样品量为 1μL。测试结果如图 3–8 所示，表明提取的 DNA 具有良好的完整性。使用 BD Image Lab 软件计算电泳图像中的 DNA 量。样品中的 DNA 总量为 3.78μg，符合文库构建和测序的要求；此数量可以满足 2 次或更多的建库要求（图 3-8）。

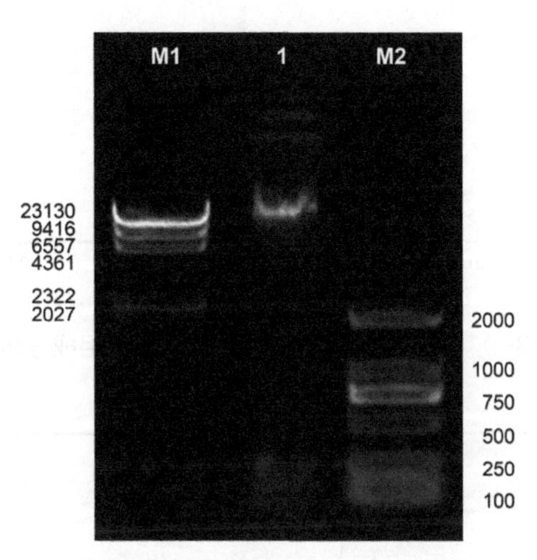

图 3-8 重寄生拟盘多毛孢 PG52 基因组的电泳图谱

注：琼脂糖浓度：1%。电压：180V。时间：35min。分子量标准名称：M1，λ-Hind III digest（Takara）；M2，D2000（Tiangen）。样品名称：M1，3μL；M2，6μL。

3.2.2.2 基因组测序质量分析

通过 fqcheck 软件对数据进行质量评估。如图 3-9 和图 3-10 所示为 PG52 的碱基组成和质量情况。

图 3-9 中，*X* 轴表示读数上的位置，*Y* 轴表示碱基所占百分比。曲线开头出现轻微的波动属于 BGI-seq 500 测序平台的典型特征，对数据无影响。通常情况下，A 与 T，C 与 G 碱基的分布曲线应两两分别重合。若测序过程发生异常，可能导致曲线中部出现异常波动。若采用特殊的建库方法或者文库，也可能引起碱基分布的改变，此时属于正常情况。

图 3-10 中，*X* 轴是碱基在读数中的位置，*Y* 轴是碱基质量值，图形由无数个点组成表示此位置达到某一质量值的碱基总数，颜色越深表示数目越多。碱基质量分布反映了测序读数的准确性，测序仪、测序试剂、样品质量等均能影响碱基质量。从整体上看，如果低质量（＜ 20）的碱基比例较低，说明这个测序芯片上的一条流通槽（lane）的测序质量比较好。

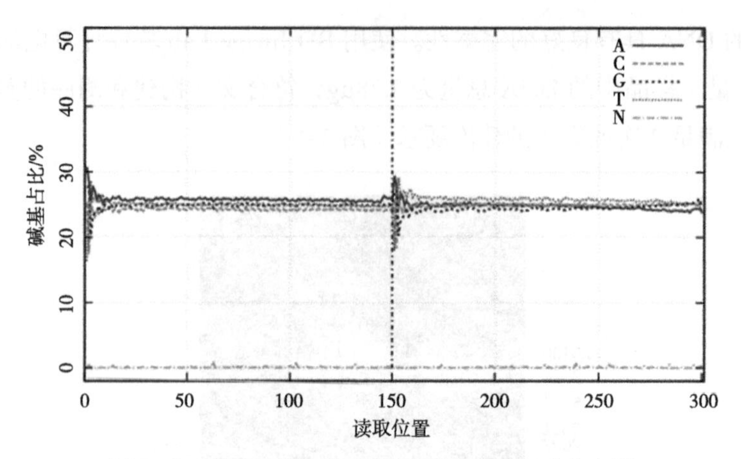

图 3-9　重寄生拟盘多毛孢 PG52 碱基组成分布图

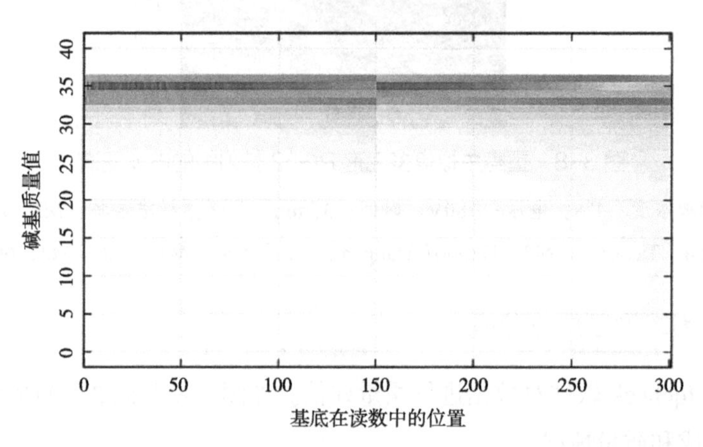

图 3-10　重寄生拟盘多毛孢 PG52 基底质量分布图

3.2.2.3 基因组装配和基因预测

在 Nanopore 平台上，对 PG52 菌株的长片段进行了测序，并生成了总计 12.18Gb 的数据。组装前，将 Kmer 选为 15，然后根据第二代数据进行 k-mer 分析，以估计基因组的大小（组装结果表明真实的基因组大小）、杂合度和可重复性。使用 Jellyfish 软件处理过滤后的数据，结果表明 PG52 菌株的基因组大小为 50.7Mb。我们使用 canu 组装了 Nanopore 数据，然后使用 pilon 将第二代数据用于基础误差校正，以获得最终组装结果。利用基因组数据库 SordariomycetA_ODB9 进行 BUSCO 完整性评估。97.0% 以上的核心基因可以在基因组中得到注释，反映出装配结果的高度完整性。基因组总共组装成了335个scaffolds。基因组大小为50.07Mb，N50和N90的值分别为6598051bp和55791bp。整个基因组的大小大于已测序的*P.* sp. NC0098（46.41Mbp）和*P. kenyana* JCM 9685（48.23 Mb）基因组，而小于*P. fici*（51.91Mb）基因组，3株真菌序列均下载自NCBI数据库（https://www.ncbi.nlm.nih.gov/genome/）或JGI真菌数据库（https://genome.jgi.doe.gov/programs/fungi/index.jsf）。

PG52菌株的基因组中总共预测了20023个基因，平均长度为1714.03bp，平均CDS长度为1478.29bp，每个基因平均3.13个外显子，平均外显子长度为472.00bp，平均内含子长度为110.57bp。据报道，*P. fici*的预测基因的平均长度为1683.88bp，每个基因中包含的平均外显子数量为3；*P.* sp. NC0098预测基因平均长度为1864bp，每个基因中包含的平均外显子数量为2.83。以上对比结果表明*P.* sp. PG52基因组测序数据的可靠性以及与其他两株拟盘多毛孢菌株基因组的相似性（表3–8）。

表3-8　拟盘多毛孢属基因组序列的比较

基因特征	PG52	FICI	NC0098
装配尺寸 /Mb	51	52	46.61
Scaffold N50/ Mb	6.6	4.0	5
GC 含量 /%	53.30	48.73	51.28
蛋白编码基因	20,023	15,413	15,180
基因密度 / 每 Mb 基因	345.22	296.90	327.08
每个基因的外显子	3.13	2.76	2.83

3.2.2.4 基因预测和功能注释

以NCBI nr数据库对预测出的基因进行基因注释，共注释基因17500个（占总预测基因的87.40%），以KEGG数据库对预测出的基因进行基因注释，共注释基因11847个（占总预测基因的59.17%），以GO数据库对预测出的基因进行基因注释，共注释基因10454个（占总预测基因的52.21%）（图3–11）。

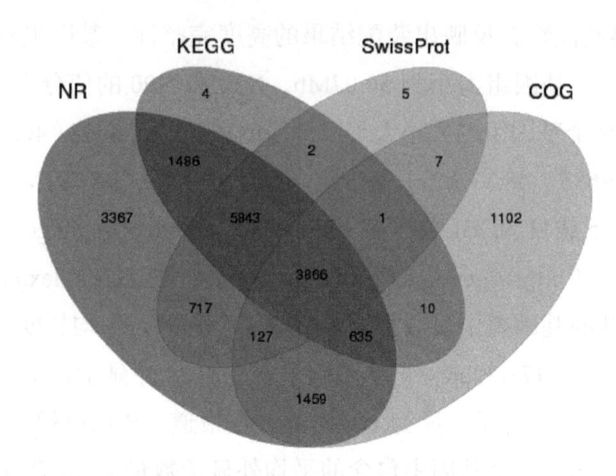

图 3-11　重寄生拟盘多毛孢 PG52 蛋注数的不同数据库之间蛋白注释数量的 venn 图

（1）KEGG 富集分析

KEGG 富集分析结果表明，与 KEGG 途径相对应的 11847 个基因在 129 个代谢途径中富集，其中大多数基因参与了代谢途径代谢通路（ko01100）（4306 个基因）、次生代谢产物的生物合成代谢通路（ko01110）（1677 个基因）、抗生素的生物合成代谢通路（ko01130）（1267 个基因）和氨基酸的生物合成代谢通路（ko01230）（495 个基因）（图 3-12）。

（2）GO 分析

总共 10454 个基因可用于通过 Blast2GO 提取 GO 注释信息。根据功能，基因可分为 3 个子类别，即生物过程（25 个分支）、细胞成分（14 个分支）和分子功能（13 个分支），共有 52 个分支（图 3-13）。生物过程类别中的大多数基因参与代谢过程和细胞过程，细胞成分类别中的大多数基因参与膜和膜的部分，分子功能类别中的大多数基因参与催化活性和约束力。

（3）COG 分析

在通过测序获得的 PG52 菌株的 COG 分类预测中，总共 8975 个基因，被分为 24 类。除一般功能预测类别外，涉及基因最多的 5 个类别是氨基酸转运和代谢（905 个基因，占 10.08%），能量产生和转化（737 个基因，占 8.21%），碳水化合物转运和代谢（709 个基因，占 7.90%），脂质转运和代谢（657 个基因，占 7.32%），以及次生代谢产物的生物合成、转运和分解代谢（516 个基因，5.75%）（图 3-14）。

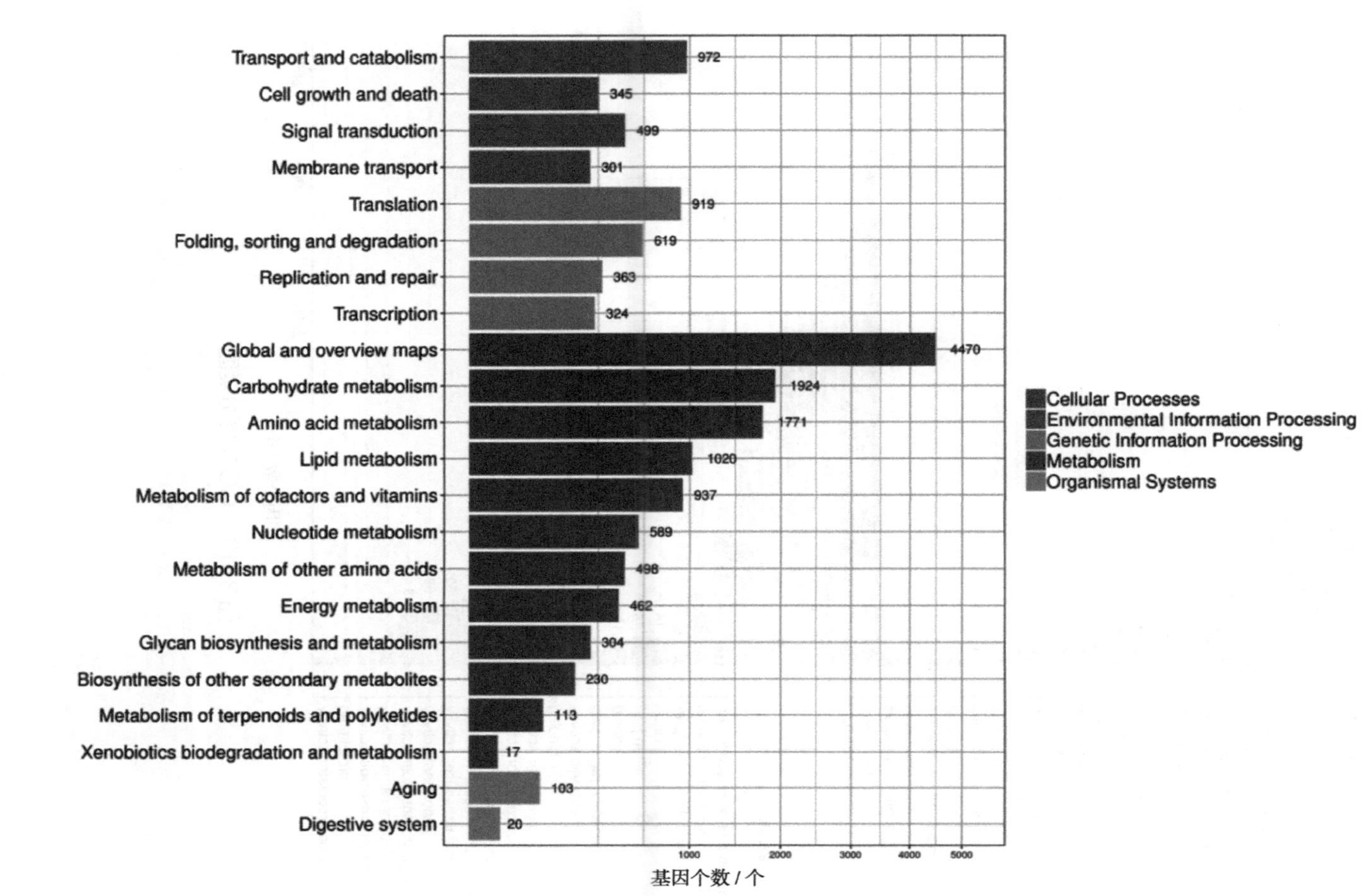

图 3-12　KEGG 功能分析

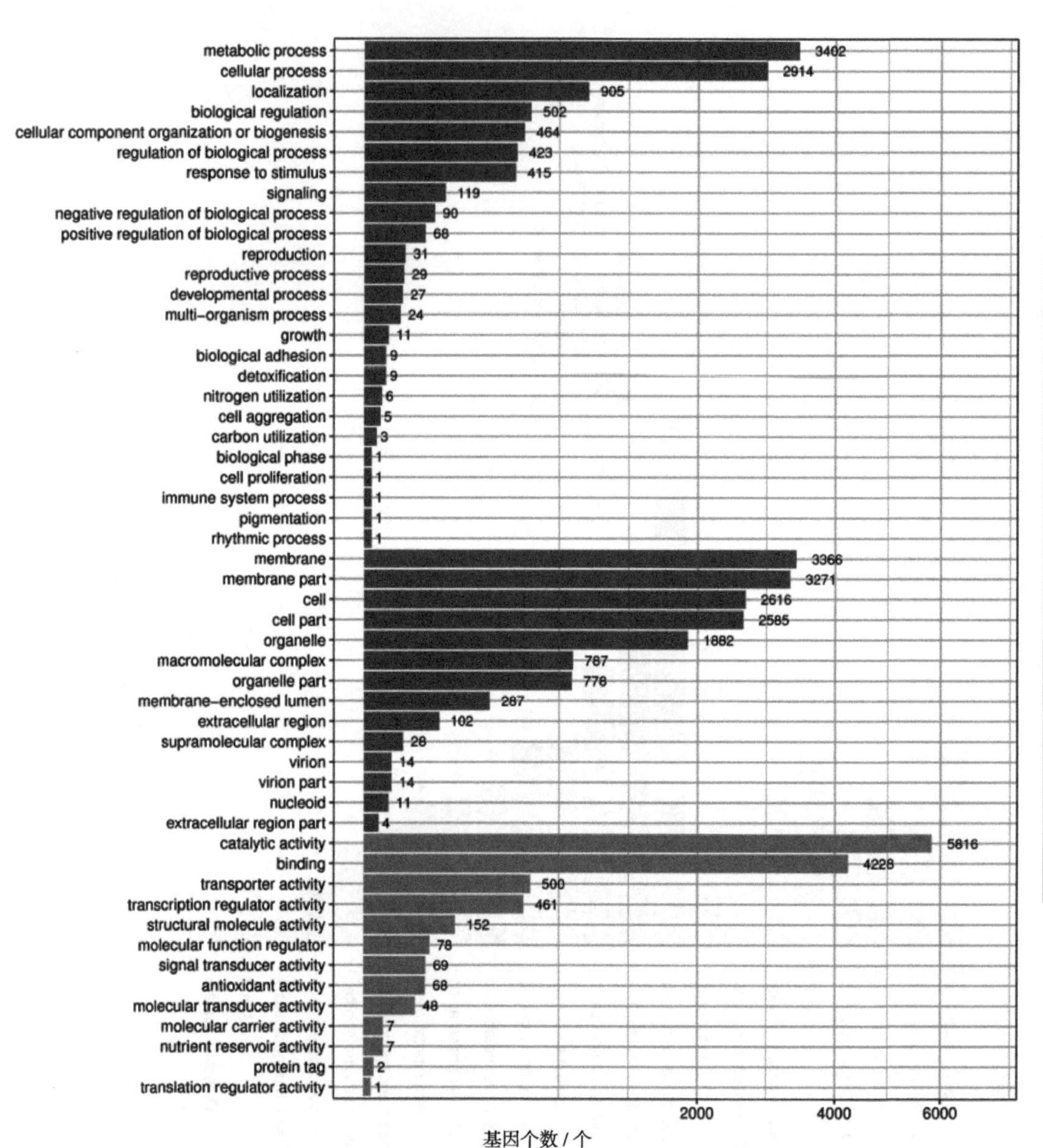

图 3-13　GO 功能分类图

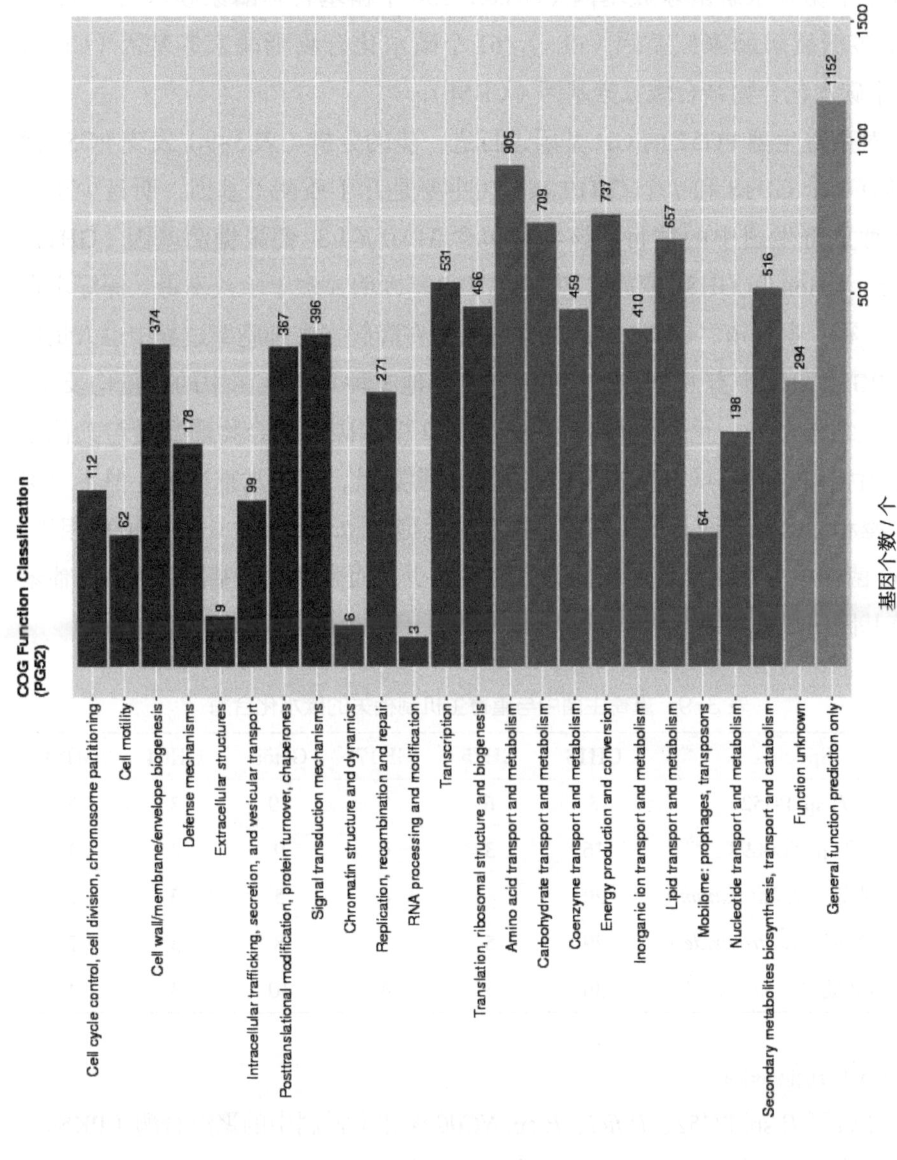

图 3-14　COG 功能分析

（4）CAZy 分析

碳水化合物活性酶参与许多重要的生物过程，包括细胞壁的合成以及信号和能量的产生，它与真菌的营养方式和侵染机制有关。PG52 菌株基因组包含 345 个糖苷水解酶家族基因（GHs），150 个糖基转移酶家族基因（GTs），17 个多糖裂解酶家族基因（PLs），61 个碳水化合物酯酶家族基因（CEs），196 个碳水化合物结合域家族基因（CBM）。

对重寄生菌 PG52 的 GH 基因进行进一步的分析（表 3–9）发现 PG52 菌株具有 3 个 GH18 和 7 个 GH19 家族（主要是几丁质酶）基因，明显少于其他 3 种重寄生菌中的数目。该物种包含 31 个 β-1,3- 葡聚糖酶基因（GH17、GH55、GH64 和 GH81 家族），其中 GH55 基因明显多于哈茨木霉、深绿木霉和绿木霉；据报道，GH75 家族的壳聚糖酶在降解寄主细胞壁过程中也大量增加。PG52 菌株中有 6 个 GH75 基因，比其他 3 种重寄生菌中的数量均要多。由以上结果可知，重寄生拟盘多毛孢 PG52 中的碳水化合物酶数量与其他重寄生菌相当，但与重寄生机制相关的水解酶数量、哈茨木霉接近，但不及深绿木霉和绿木霉。而与另 1 株内生拟盘多毛孢 *Pestalotiopsis* sp. NC0098 相比，PG52 菌株中的几丁质酶基因的数目明显较少，而壳聚糖酶基因和 β-1,3- 葡聚糖酶基因明显较多。

表 3-9　重寄生菌中与重寄生机制相关的碳水化合酶

Species	GH18	GH75	GH17	GH55	GH64	GH81
P. sp. PG52	3	6	7	19	3	2
P. sp. NC0098	16	3	6	9	3	1
哈茨木霉（*T. harzianum*）	20	4	4	5	3	2
深绿木霉（*T. atroviride*）	29	5	5	8	3	2
绿木霉（*T. virens*）	36	5	4	10	3	1

（5）其他基因

比较了 *P.* sp. PG52、*P. fici*、*P.* sp. *NC0098* 和木霉属中的聚酮合酶（PKSs）、非核糖体肽合成酶（NRPSs）的数量。结果表明，来自 PG52 菌株 PKS 和 NRPS 显著高于来自深绿木霉、绿木霉、哈茨木霉、*P. fici* 和 *P.* sp. *NC0098* 的

中（表 3-10）。细胞色素 P450 是一种多功能氧化酶，与次级代谢密切相关。PG52 菌株基因组中有 317 个细胞色素 P450 编码基因，高于在哈茨木霉、深绿木霉和绿木霉中的数量。在 PG52 菌株基因组中发现了总共 175 种蛋白酶，其数量明显高于哈茨木霉、深绿木霉和绿木霉的基因组数量（表 3-11）。PG52 中的细胞色素和蛋白酶比其他 3 种木霉属重寄生菌更多。此外，转录因子在真菌调节网络中起着至关重要的作用。在基因组测序结果中共发现 202 个转录因子，包括 19 个编码 C2H2 型转录因子和 Zn2 / Cys6 型转录因子的基因。有 4 个 Zn2 / Cys6 型转录因子基因，远少于深绿木霉和绿木霉中此类基因的数目（表 3-11）。

表 3-10　重寄生菌、*P. fici* 和 *P.* sp. *NC0098* 中的聚酮合酶和非核糖体肽合成酶

单位：个

次级代谢产物	*P.* sp. PG52	*P. fici*	哈茨木霉（*T. harzianum*）	深绿木霉（*T. atroviride*）	绿木霉（*T. virens*）	*P.* sp. NC0098
非核糖体肽合成酶	13	12	17	16	28	12
聚酮合酶	102	27	27	18	18	21
总数	115	39	44	34	46	33

表 3-11　重寄生菌中细胞色素 P450、蛋白酶和 Zn2/Cys6 转录因子基因的数量

单位：个

	P. sp. PG52	哈茨木霉（*T. harzianum*）	深绿木霉（*T. atroviride*）	绿木霉（*T. virens*）
细胞色素 P450	317	50	15	40
Zn2/Cys6 转录因子	4	7	69	95
蛋白酶	175	53	23	28

3.3 重寄生枝孢菌 SYC63 全基因组测定与分析

3.3.1 材料和方法

3.3.1.1 微生物材料

2.3.1.1 中的重寄生菌株 SYC63。

3.3.1.2 菌丝体样品制备

将菌株 SYC63 在 PSKA 培养基上室温培养 5d 后，用手术刀将菌丝刮下置于液氮中速冻备用。

3.3.1.3 DNA 提取与上机测序

（1）使用 CTAB 法对菌株 DNA 进行提取

①取新鲜真菌 0.5g，放入 EP 管，用液氮冷冻，使用研磨仪将样本机械破碎，待完成后转出研磨好的组织并收集。

②立即加入 CTAB 提取液，旋涡混匀，50℃ F 温育 0.5h，每隔 10min 轻柔颠倒混匀 1 次。

③取出冷却至室温后离心。

④取上清并加入等体积的氯仿 / 异戊醇（24∶1）抽提，离心。

⑤重复步骤④ 1 次。

⑥取上清液加入 0.8 倍体积冷冻异丙醇沉淀 DNA，轻微颠倒混匀后离心。

⑦弃废液，加预冷的 75% 乙醇洗涤沉淀，重复洗涤 1 次。

⑧吸干残余的酒精，晾干 DNA 沉淀，加入 200μL EB 溶解，加 5uL RNA 酶（100mg/mL）消化，37℃下溶解沉淀 30 min 并消化 RNA。

⑨消化完成后使用离子纯化柱进行纯化。

⑩ Nanodrop 和 Qbuit 及电泳质检。

（2）DNA 质检合格后使用 ONT 公司试剂盒建库上机测序

①取 2.5μg 质检合格的 DNA 样本，加入 1*（磁珠体积和 DNA 溶液的体积比为 1∶1）磁珠纯化，取 1μL 样本 Qubit 定量。

②损伤及末端修复（孵育条件：20℃下放置 10min，65℃下放置 10min，4℃保存）。

③ 1* 磁珠纯化 DNA，25μLEB 洗脱 DNA，取 1μL 样本 Qubit 定量。

④ Barcode 标签连接（取修复好的 DNA，孵育条件：25℃下放置 10min）。

⑤ 1* 磁珠纯化，25μL EB 洗脱 DNA，取 1μLQubit 定量。

⑥ Pooling 文库，将加好标签的不同样本以相同比例混合，总体积为 65μL。

⑦测序接头连接（孵育条件：25℃下放置 10 min）。

⑧ 0.5* 磁珠纯化 DNA，25μL 洗脱缓冲液（SQK-LSK109）洗脱 DNA，取 1μL 样本 Qubit 定量。

⑨配置上机文库。

⑩上机，将文库加载到 R9.4 测序芯片中，用 PromethION sequencer（Oxford Nanopore Technologies，Oxford，UK）上机测序 48 ～ 72h。

3.3.1.4 基因组组装与组装评价

使用 NECAT 软件进行基因组纠错和拼接，得到初始拼接结果；然后使用 Racon（version：1.4.11）软件基于三代测序数据对拼接结果进行 2 轮纠错后，再进行 2 轮二代测序结果的软件名（版本：1.23）纠错，最后使用 purge haplotigs 对纠错后的基因组进行去杂合后，得到最终的组装结果。利用二代比对率、覆盖度以及 BUSCO 对基因组组装结果进行评价。

3.3.1.5 非编码 RNA 预测及重复序列注释

具有重要的生物学功能的非编码 RNA，是指不被翻译成蛋白质的 RNA。其中 tRNA 和 rRNA 直接参与了蛋白质的合成。使用 INFERNAL（version：1.1.2）基于 Rfam 数据库进行各类非编码 RNA 预测，并分类统计。

重复序列主要分为散在重复序列和串联重复序列。散在重复序列也称为转座子元件，包括 LTR、LINE、SINE 和 DNA 转座子。根据重复多少可以将其划分为高度重复序列、中度重复序列及低度重复序列。使用 RepeatModeler

软件（version：1.0.4）构建自身的repeat库，合并repbase库后，使用RepeatMasker（version：4.0.5）进行基因组的重复序列注释。

3.3.1.6 基因功能注释

基因功能注释是根据现有的数据库来标注基因的功能和所参与的代谢通路，包括Motif、结构域、蛋白质功能及所在的代谢通路等信息的预测。利用九大数据库（Nr、Pfam、eggCOG、Uniprot、KEGG、GO、Pathway、Refseq及Interproscan）进行基因功能注释，以获得完整的基因功能信息。

3.3.2 结果与分析

3.3.2.1 重寄生枝孢菌 SYC63 DNA 提取与质量检测

SYC63基因组DNA检测结果显示（表3-12），NanoDrop检测OD260/280为1.87，OD260/230为2.49，说明提取过程中样品被蛋白或酚类物质的污染较轻。用0.7%琼脂糖凝胶电泳检测DNA的完整性（按Qubit浓度上样200ng），检测结果如图3-15所示，可以看出检测条带清晰单一，说明提取的基因组DNA质量良好，可满足三代建库上机测序要求，可用于进一步的测序分析。

表3-12　菌株SYC63基因组DNA质检结果

编号	样品性质	体积/μL	分光光度计			荧光染料		两种方法所测浓度的比值
			C/（ng/μL）	260/280	260/230	C/（ng/μL）	总量/μg	
SYC63	澄清透明	53	141.4	1.87	2.49	122.0	6.47	1.17

3.3.2.2 基因组组装与组装评价

通过对二代测序的原始测序数据（rawdata）过滤后，获得了有效测序数据（cleandata）29793838个，碱基的数量是4469075700。其中，Phred数值大于20和30的碱基比例为98.6%和95.6%。将其进行组装，详细信息见表3-13，经过组装的SYC63基因组共得到17条cotings，全基因组大小

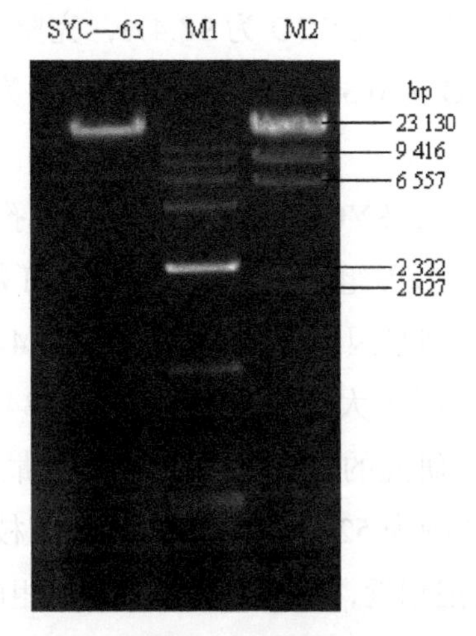

图 3-15 菌株 SYC63 DNA 电泳图

注：M1：D1500 Marker；M2：λ-Hind III Marker。

表 3-13 菌株 SYC63 基因组组装结果

项目	值
总长度 /bp	31912211
不含 N 的总长度 /bp	31912211
总数	17
GC 含量 /%	52.80
N50/bp	1981920
N90/bp	1641700
平均值 /bp	1877188.88
中位数 /bp	1804335.00
最小值 /bp	65278
最大值 /bp	3588128

为 31.9Mb，GC 碱基含量为 52.8%，其中最短的序列长度为 65287bp，最长的序列长度为 3588128 bp，N50 的长度为 1981920bp。对基因组组装结果进行二代比对率、覆盖度以及 BUSCO 评价，二代数据比对率（map_rate）为 98.70%；覆盖率（Coverage）为 99.86%，一般大于 90%，认为基因组组装较好。使用 BUSCO 软件基于真菌数据库（fungi_odb10）来评估基因组组装的

完整性，结果显示，完整的 BUSCO 为 98.4%，完整且单拷贝的 BUSCO 为 98.3%，不完整的 BUSCO 为 0.3%，缺失的 BUSCO 为 1.3%，认为基因组组装较好。

除了本研究中的枝孢菌 SYC63，其余芽枝状枝孢（*C. cladosporioides*）、重寄生拟盘多毛孢、木霉基因组数据均下载于 NCBI 数据库，黄叶枝孢基因组下载于 JGI 数据库，详细基因组数据信息见表 3-14。由基因组数据统计发现，5 株芽枝状枝孢的基因组大小范围是 31.91 ～ 34.03Mb，与其他菌株相比，基因组较小，其中所研究的枝孢菌 SYC63 又是最小的。5 株枝孢菌基因组 GC 含量差异不大，范围为 52.3% ～ 52.8%。表明枝孢菌 SYC63 基因组大小、GC 含量与芽枝状枝孢相近，符合枝孢菌属基因组的基本特征。

表 3-14　菌株 SYC63 与相近物种的基因组比较

物种	大小 /Mb	重叠群	GC 含量 /%	N50/bp	基因库	来源
SYC63	31.91	17	52.8	1981920	GCA_022457075.1	–
C. cladosporioides TYU	33.23	67	52.3	1992403	GCA_002901145.1	NCBI
C. cladosporioides F8_5S_3F	34.03	142	52.6	965801	GCA_018408295.1	NCBI
C. cladosporioides F8_5S_2F	34.03	143	52.6	1102510	GCA_018408335.1	NCBI
C. cladosporioides F8_5S_4F	33.87	245	52.7	634743	GCA_018408255.1	NCBI
C. fulvum CBS131901	61.1	2 664	48.8	60000	AMRR00000000	JGI
Pestalotiopsis cr013	46.69	12	52.1	6389033	GCA_018092615.1	NCBI
Pestalotiopsis PG52	57.99	331	53.3	6598051	GCA_018092595.1	NCBI
T. harzianum CBS 226.95	40.68	841	48.46	360628	GCA_003025095.1	NCBI
T. atroviride IMI 206040	36.14	29	49.7	2007903	GCA_000171015.2	NCBI
T. virens Gv29-8	39.02	94	49.2	1836662	GCA_000170995.2	NCBI

3.3.2.3 非编码 RNA 预测及重复序列注释

非编码 RNA 包括 rRNA、tRNA、snRNA、sRNA 等多种已知功能和一些未知功能的 RNA。该基因组共检测到 357 条非编码 RNA，包括 88 条 rRNA、232 条 tRNA 和其他非编码 RNA。基因组重复序列分析显示共出现 274 个 DNA 转座子，4851 个简单重复序列以及 443 个低复杂度序列（表 3–15）。

表 3–15 菌株 SYC63 重复序列注释结果统计

项目	Subfamily	数量	长度 /bp	占比 / %
短散在元件	/	8	584	0.00
长散在元件	/	196	16012	0.05
长末端重复	/	391	40448	0.13
长末端重复	Gypsy	241	27672	0.09
长末端重复	Copia	94	8441	0.03
转座子	/	274	27696	0.09
卫星重复序列	/	104	11879	0.04
简单重复	/	4851	201881	0.63
低复杂性重复	/	443	21117	0.07
其他类型重复	/	37	3495	0.01
未知的重复序列	/	19	6090	0.02
总的重复序列	/	6323	325675	1.02

3.3.2.4 基因组功能注释

基因组完成组装后，对编码基因进行预测，共预测到 12327 个编码基因。通过将基因与蛋白质通用数据库比对进行注释（表 3–16），在 Nr 数据库中注释到了 11030 个结果，但是，注释结果中有许多未知功能的蛋白质。所得到的注释结果为后续研究确定目标功能基因提供了方便。

表 3-16　菌株 SYC63 不同数据库的注释结果

数据库	数目 / 个	占比 /%
Uniprot	6669	54.10
Pfam	9445	76.62
Refseq	5291	42.92
Nr	11030	89.48
GO	6595	53.50
KEGG	4029	32.68
Pathway	2474	20.07
COG	949	7.70

注：Uniprot 为注释到 Uniprot 数据库的基因；Pfam 为注释到 Pfam 数据库的基因；Refseq 为 Refseq 数据库注释到的基因；Nr 为注释到 Nr 数据库的基因；GO 为注释到 GO 数据库的基因；KEGG 为注释到 KEGG 数据库的基因；Pathway 为注释到 KEGG Pathway 数据库的基因；COG 为注释到 COG 数据库的基因。

（1）Nr 注释结果

根据 Nr 数据库比对注释的结果，统计比对最多的前 10 个物种，其余划分到其他物种类，物种分布图如图 3-16 所示。枝孢菌 SYC63 与物种南极枝孢菌（*Rachicladosporium antarcticum*）的匹配度为 23.58%，除其他物种外，所占物种匹配最高；其次是 *Rachicladosporium* sp. CCFEE 5018，与枝孢菌 SYC63 有 15.54% 的匹配度。此外，枝孢菌 SYC63 与病原真菌 *Venturia nashicola*、*Friedmanniomyces simplex*、*Hortaea thailandica* 等也有 2% ～ 3.8% 的匹配度。值得关注的是，有 33.53% 的序列属于其他物种，表明枝孢菌 SYC63 可能包含了与大多数物种不同的、自身特有的基因序列。

（2）GO 分类

基于枝孢菌 SYC63 基因组 GO 注释，6595 个基因注释到 6871 个 GO 条目，将基因的功能从细胞组分（cellular component）、分子功能（molecular function）、生物学过程（biological process）3 个方面进行汇总统计后，选取每个分类下前 20 个注释最多的二级分类条目进行绘图。结果如图 3-17 所示，枝孢菌 SYC63 编码的蛋白主要富集在跨膜转运（transmembrane transport）、发病机制（pathogenesis）、蛋白质转运（protein transport）及细胞分

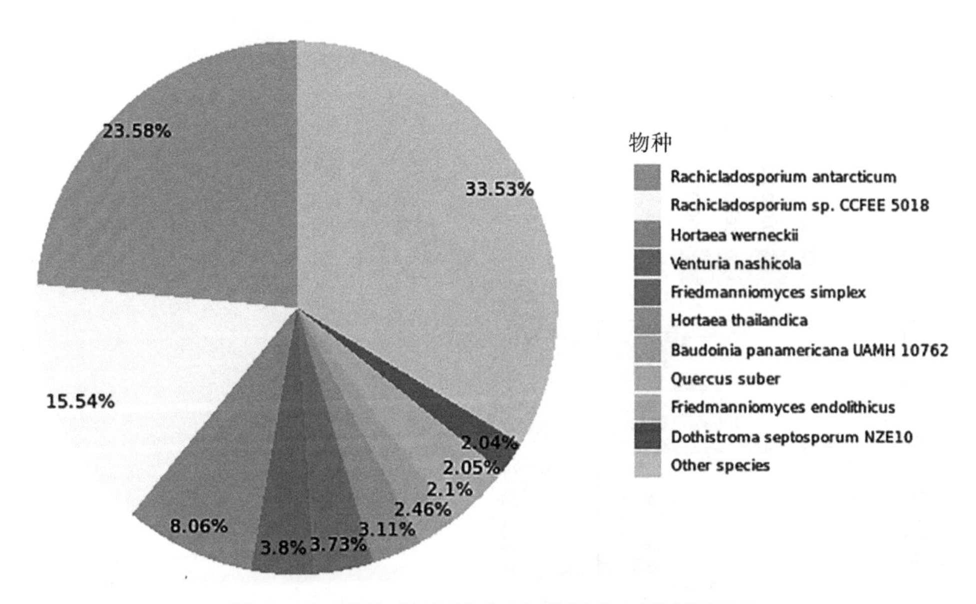

图 3-16 菌株 SYC63 在 Nr 数据库中的注释结果

裂（cell division）等生物学过程，细胞核（nucleus）、膜的组成成分（integral component of membrane）、细胞质（cytoplasm）等细胞组分，以及 ATP 结合（ATP binding）、金属离子结合（metal ion binding）、锌离子结合（zinc ion binding）和氧化还原酶活性（oxidoreductase activity）等分子功能。

（3）COG 分类

COG 数据库是基于细菌、藻类和真核生物之间的系统进化关系而构建的，通过其可以实现基因直系同源分类。枝孢菌 SYC63 共 949 个基因被注释到 22 类相应的功能中。结果如图 3-18 所示，数目最多的功能类别是碳水化合物的运输与代谢（carbohydrate transport and metabolism），共 123 个。其次，除一般功能（general function prediction only）预测外，涉及蛋白较多的功能类别分别是脂质的运输和代谢（lipid transport and metabolism），共 105 个；氨基酸运输和代谢（amino acid transport and metabolism），共 104 个；翻译与核糖体结构及生物起源（translation，ribosomal structure and biogenesis），共 71 个，及能量产生与转换（energy production and conversion），共 68 个。整个 COG 注释结果表明该菌株有很强的代谢能力，但是，仍然存在大量的未知功能的蛋白，需进行更深入的研究。

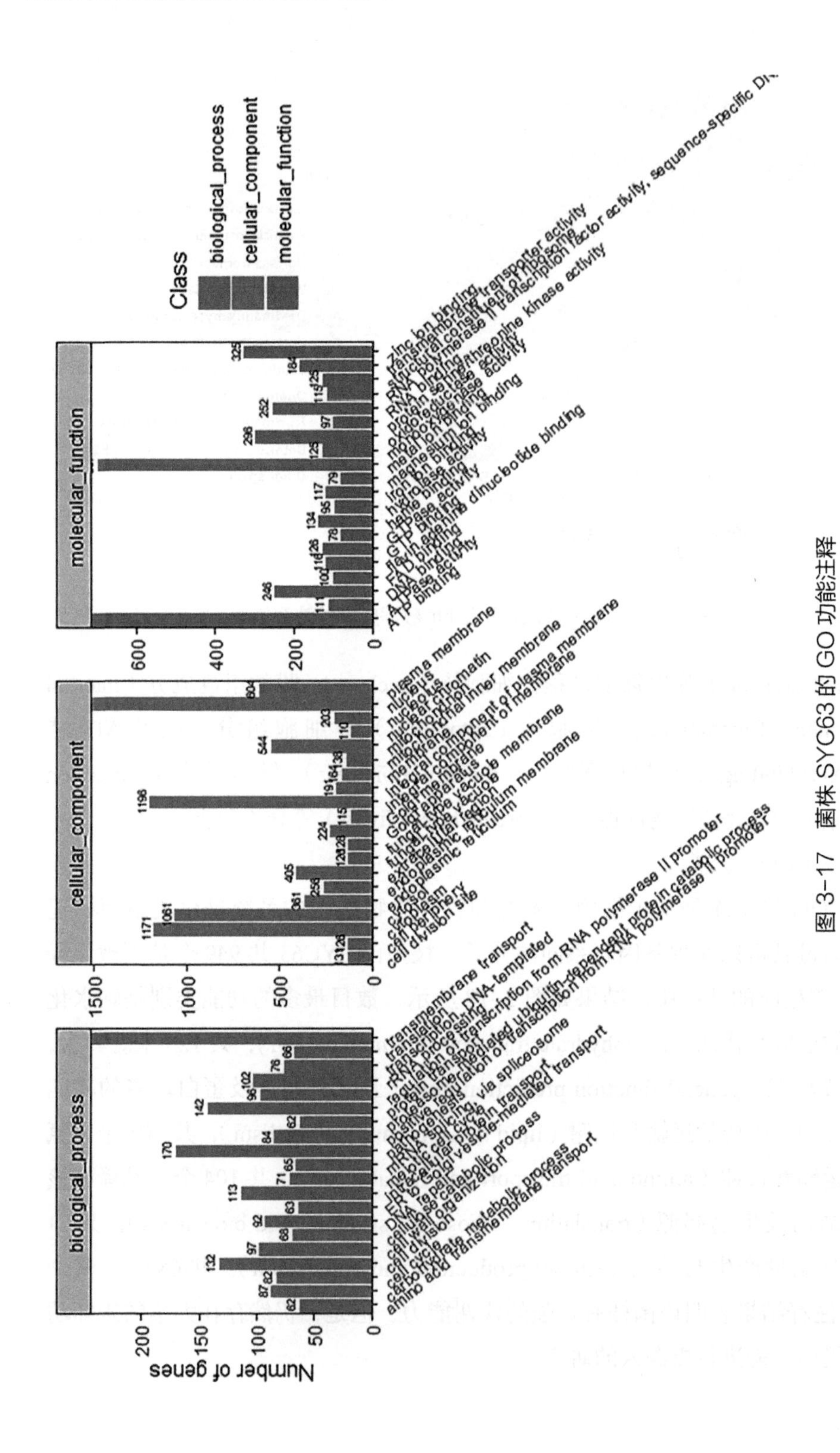

图 3-17 菌株 SYC63 的 GO 功能注释

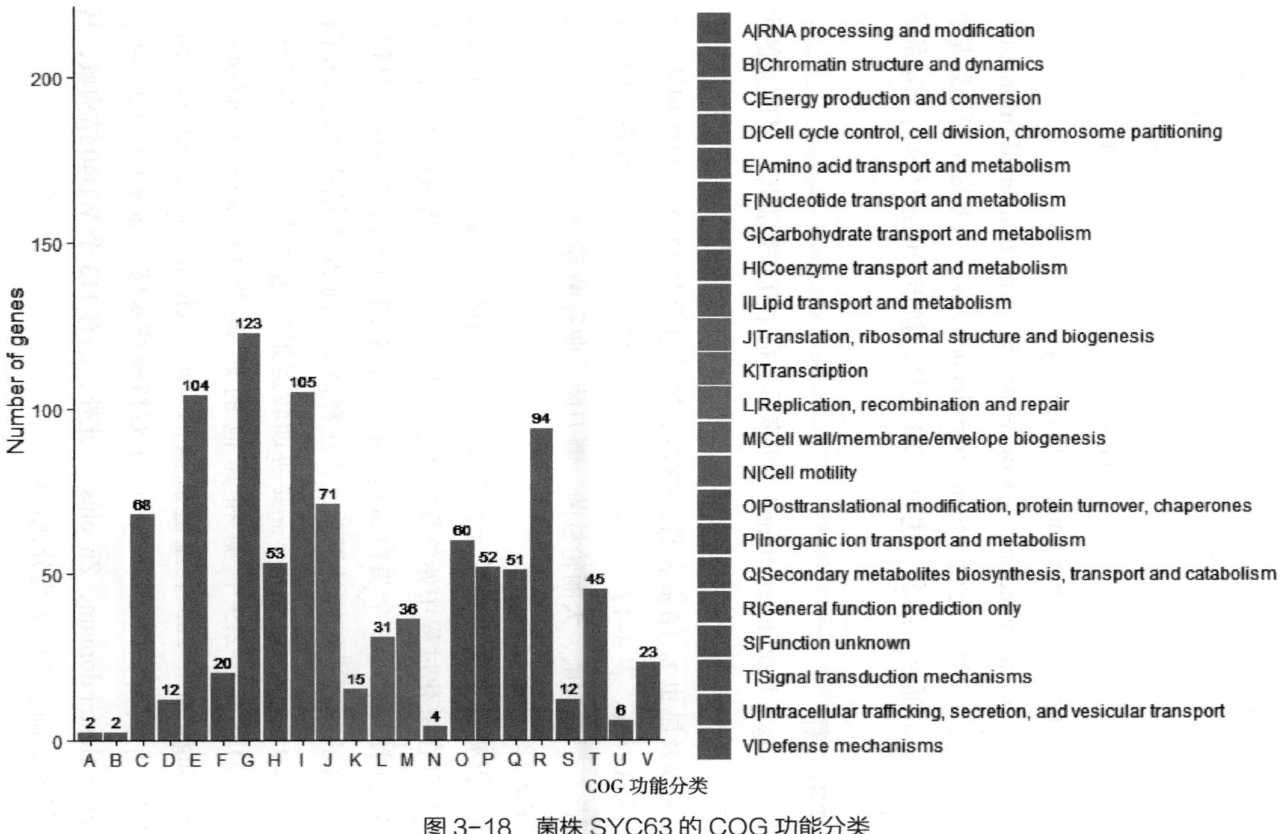

图 3-18 菌株 SYC63 的 COG 功能分类

（4）KEGG 分类

KEGG 是对基因功能和基因组信息进行系统分析的一个重要数据库，根据它们参与的 KEGG 代谢通路进行分类，4029 个基因在 335 条代谢途径中富集。结果如图 3–19 所示，新陈代谢（metabolism）中的代谢途径是碳水化合物代谢途径（ko00052，593 个基因）、氨基酸代谢途径（ko00360，512 个基因）和全局和概述图谱（global and overview maps，399 个），遗传信息过程（genetic Information Processing）中的翻译（translation）、排序和降解（folding，sorting and degradation）与环境信息处理（environmental Information Processing）中的信号转导途径（signal transduction，414 个基因）等通路是涉及蛋白数目较多的通路。结合上述的 COG 注释，初步表明该菌具有丰富的碳水化合物代谢。

（5）PHI 注释

PHI（pathogen host interactions），即病原与宿主互作数据库。其收录的内容均经过实验证实，病原体主要来源于真菌、卵菌及细菌感染的宿主（动物、植物、真菌以及昆虫）。结果表明：SYC63 基因组中有 4392 个 PHI 相关的基因，占比为 35.6%。表 3–17 是与宿主互相作用相似性最高的 20 条基因，其主要病原菌有稻瘟病菌、大丽轮枝菌、镰刀菌、曲霉菌等。

（6）Pfam 结构域分类

可独立折叠的结构蛋白单元作为蛋白质结构域，它们有着相同的功能和作用，并且在进化过程中始终保持不变。基于 Pfam 结构域的注释，枝孢菌 SYC63 基因组共 9446 个蛋白编码，4813 个不同的蛋白结构域。对每一个结构域注释的基因进行统计汇总，将注释最多的前 20 个结构域进行绘图。结果如图 3–20 所示，有 481 个主要协助转运蛋白超家族（major facilitator superfamily，MFS_1）、219 个糖和其他的转运蛋白［sugar（and other）transporter，Sugar_tr］、208 个短链脱氢酶（short chain dehydrogenase，adh_short）及 205 个真菌 Zn（2）– Cys（6）双核簇结构域［fungal Zn（2）–Cys（6）binuclear cluster domain，Zn_clus］。此外，还有 113 个 WD40 结构域，其参与信号转导，调节真菌细胞分化过程。

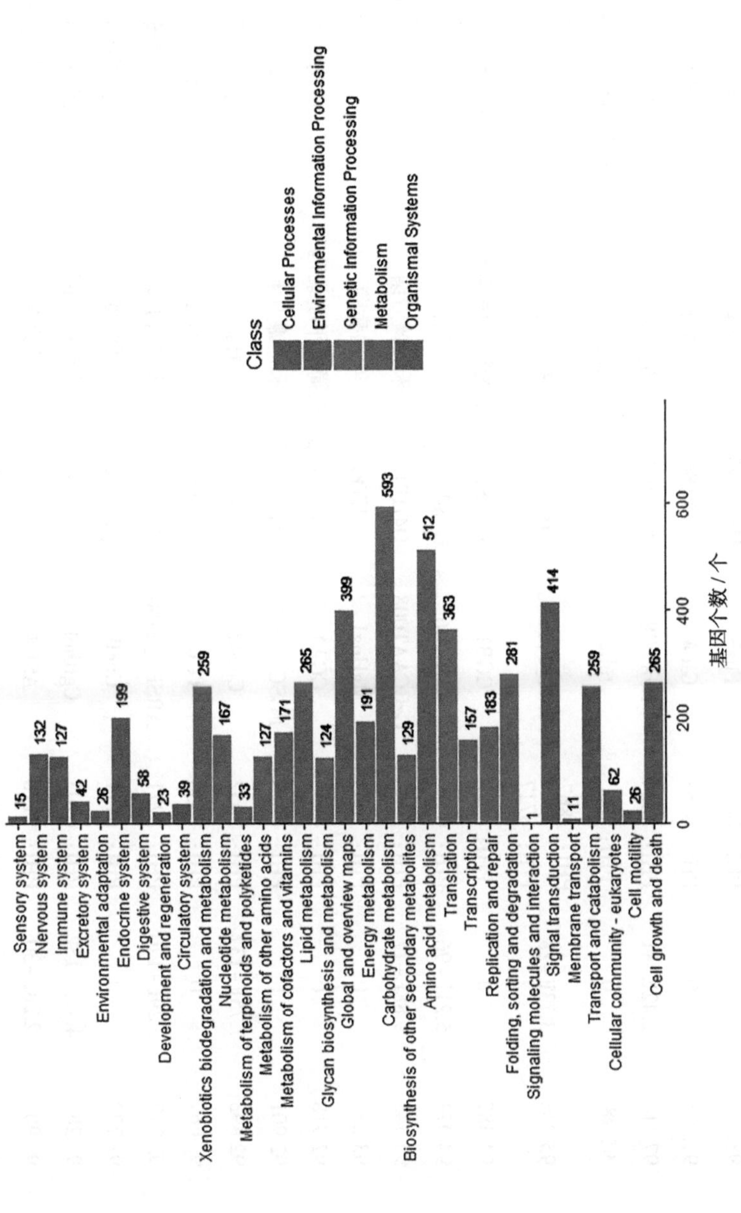

图 3-19 菌株 SYC63 的 KEGG 通路分类

表 3-17 菌株 SYC63 基因组中与 PHI 相关的相似性最高的 20 条基因

Gene ID	相似性 / %	evalue	PHI ID	PHI	基因	病原菌	注释信息
g4018.t1	100	6.54E-107	PHI：2108	CAM	Q9UWF0	稻瘟菌	降低了致病力的毒力损失
g6879.t1	99.138	2.39E-82	PHI：3669	VdATG8	H9B3V9	大丽轮枝菌	不影响致病性
g9474.t1	98.017	0	PHI：8001	Fus3	M3AVQ5	斐济假尾孢	毒力降低
g11706.t1	97.705	0	PHI：6753	GlcA	Q4WJS6	烟曲霉	致死的
g6879.t1	97.414	2.42E-81	PHI：8034	BcATG8	A6RPU4	灰葡萄孢	毒力降低
g3399.t1	95.98	0	PHI：821	tub2	Q7Z7T9	桃褐腐病菌	化学目标：耐化学性
g10186.t1	95.745	3.73E-28	PHI：3867; PHI：8717	PACC_PePacC	Q874A5	扩展青霉	毒力降低
g2528.t1	94.587	0	PHI：334	CGB1	Q6XSF5	玉蜀黍平脐蠕孢	失去致病力
g1871.t1	94.074	5.21E-96	PHI：6927	MoRAD6	G4MVC5	稻瘟菌	毒力降低
g4827.t1	93.443	9.88E-77	PHI：1468	GzCCAAT008	Q4HTT1	禾谷镰刀菌	不影响致病性
g856.t1	93.239	0	PHI：1043	MgHog1	Q1KTF2	叶枯病菌	失去致病力
g10573.t1	92.918	0	PHI：4237	CGA1	074227	玉蜀黍平脐蠕孢	不影响致病性
g2793.t1	92.901	0	PHI：1218	FGSG_00677	I1RAY2	禾谷镰刀菌	致死
g4087.t1	92.893	7.75E-137	PHI：2052	Cdc42	G4NC11	稻瘟菌	毒力降低
g6841.t1	92.667	0	PHI：2530	TUB1	Q4WKG5	烟曲霉	致命的致病性丧失
g7559.t1	92.213	3.29E-170	PHI：3271	ARSEF_2860	J4UI12	球孢白僵菌	毒力降低
g1749.t1	91.772	0	PHI：6111	CpcB	Q4WQK8	烟曲霉	毒力降低
g8731.t1	91.282	4.41E-132	PHI：6703	CgRhoB	T0LLS6	胶孢炭疽菌	毒力降低
g7679.t1	90.909	2.28E-30	PHI：2176	ASD4	G4N4Y2	稻瘟菌	致病力丧失
g7420.t1	90.026	0	PHI：1566	GzOB006	I1RC95	禾谷镰刀菌	致死

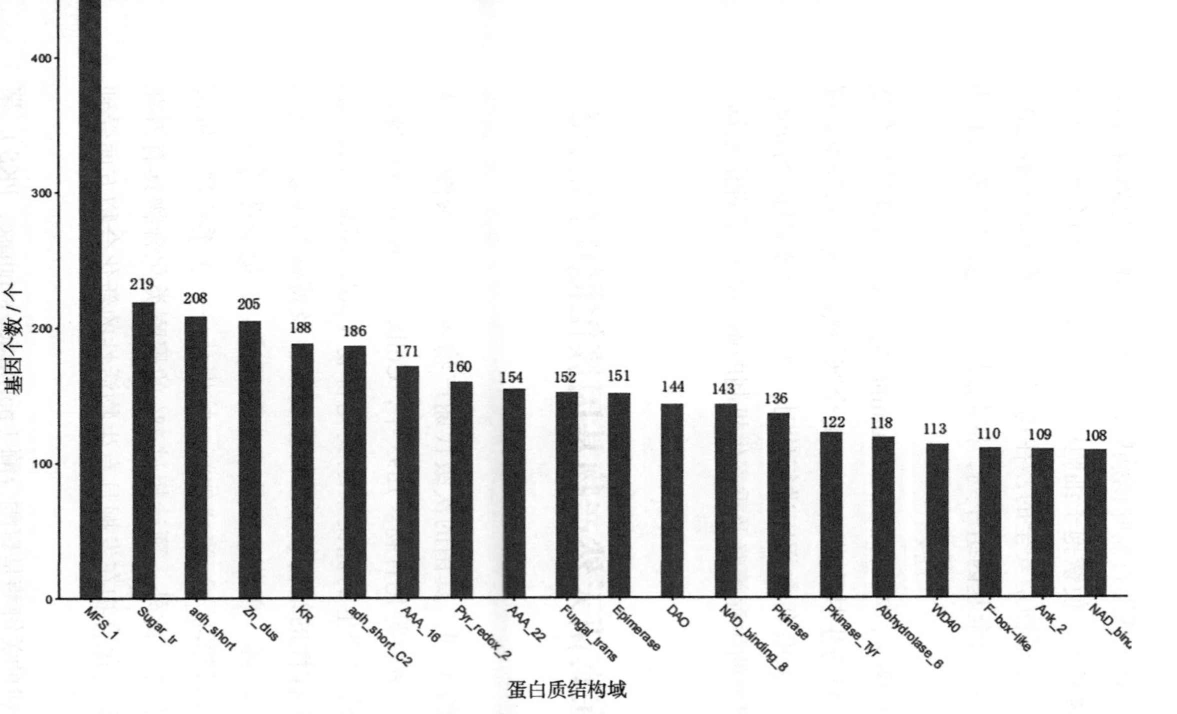

图 3-20　菌株 SYC63 基因组蛋白质结构域

MFS_1：主要协助转运蛋白超家族；Sugar_tr：糖和其他转运蛋白；adh_short：短链脱氢酶；Zn_clus：真菌 Zn（2）-Cys（6）双核簇结构域；KR：KR 结构域；adh_short_C_2：烯酰脂酰载体蛋白还原酶；AAA_16：三磷酸腺苷水解酶；Pyr_redox_2：吡啶核苷酸二硫键氧化还原酶；AAA_22：AAA 结构域；Fungal_trans：真菌特异转录因子结构域；Epimerase：NAD 依赖性差向异构酶 / 脱水酶家族；DAO：FAD 依赖性氧化还原酶；NAD_binding_8：NAD（P）结合类 rossmann 结构域；Pkinase：蛋白激酶结构域；Pkinase_Tyr：蛋白酪氨酸激酶；Abhydrolase_6：α/β 水解酶家族；WD40：WD 结构域，G-β 重复；F-box-like：F 盒；Ank_2：锚蛋白重复序列；NAD_binding_10：NAD（P）H 结合。

3.3.3 讨论与结论

枝孢菌SYC63是课题组从感染石楠叶锈病叶片的锈孢子堆上分离得到的，前期研究发现其能破坏锈孢子，使锈孢子细胞壁不完全破碎，但会因内容物流失而造成死亡，而对寄主植物是安全的，在锈病防治上是具极大潜力的。目前还没有研究报道该菌株的全基因组序列，因此限制了对其的开发与利用等研究。

为获得该菌株基因组数据，本研究使用Illumina测序技术对其进行全基因组测序和组装，揭示了重寄生枝孢菌SYC63的全基因组信息，基因组数据通过与Nr、KEGG、CO、GOG等数据库进行比对，注释其编码基因的功能，为更好地了解重寄生枝孢菌的生存策略及重寄生机制的阐明提供了理论依据。

3.4 基因组学在真菌天然产物基因簇挖掘中的应用

根据生物合成途径的不同，真菌的次级代谢产物主要分为聚酮类、生物碱类、非核糖体肽类、萜类等化合物。1893年，Collie和Myers首次发现了一类由细菌、真菌和植物产生的优良聚酮类化合物（polyketide，PK）的次级代谢产物。由于其多样性的结构、丰富的生物活性及特殊的生物合成机制，被广泛应用于医药、农药、兽药、食品工业等领域。如免疫抑制剂——FK506和雷帕霉素、降胆固醇药——洛伐他汀、抗癌药——多柔比星、抗菌药物——四环素和红霉素等。此外，预计超过1%的聚酮类化合物具有潜在的药物活性，因此，聚酮类化合物在发掘具有生物活性的新化合物方面受到了极大的关注。

催化聚酮类化合物合成的关键酶是聚酮合酶（polyketide synthase，PKS），聚酮合酶装配线采用模块化结构，以此合成具有药理活性的先导聚酮类化合物。其与脂肪酸合成有相同的前体——乙酸，两者的生物合成过程相似，它们共同的生物合成途径被称为乙酸途径。乙酸单元首先被硫代酯化反应活化为乙酰辅酶A（起始单元）和丙二酰辅酶A（延长单元），酰基转移酶（acyltransferase，AT）结构域将乙酰辅酶A（acetyl coenzyme A）的酰基转移到酰基载体蛋白（acyl carrier protein，ACP）上，酰基载体蛋白将起始单元传递到酮合酶（ketosynthase，KS）结构域，并可用于接收酰基转移酶催化的扩链单元丙二酰辅酶A，此时发生C-C键形成反应，酮合酶催化脱羧缩合生成β-酮硫酯，最后通过一系列还原、氧化等反应，完成合成。虽然脂肪酸和聚酮类化合物生物合成的基本反应是相同的，但所形成的产物却有着显著的差异，脂肪酸生物合成已经进化为在生命的各个领域忠实地产生用于初级代谢的饱和链，而聚酮类化合物生物合成的适应性很强，使得天然产物的结构和活性更加多样化。根据聚酮合酶基因不同的结构域，分为Ⅰ型、Ⅱ型和Ⅲ型共3种类型，而Ⅰ型聚酮合酶的研究较为广泛。Ⅰ型聚酮合酶分为模块化聚酮合酶（细菌）和迭代聚酮合酶（真菌），模块化聚酮合酶将它们的域排列在按顺序操作的模块中，而迭代聚酮合酶只有1个组域，在每次迭代中重复使用。真菌聚酮合酶是1种由单个基因编码的多功能蛋白，具有与Ⅰ型聚酮合酶相似的多模块结构，其中酮合酶、酰基转移酶和酰基载体蛋白也是组成真菌聚酮合酶的基本结构域。不同的是这类聚酮合酶在聚酮链的形成过程中，一般只有1个结构域，且重复使用这些结构域来合成目的产物，因此称其为迭代Ⅰ型聚酮合酶（type I iterative polyketide synthases，iT1PKS）。iPKS根据序列中的β位置是否存在裁剪域又可分为3类：①非还原型聚酮合酶（non-reducing PKS，NR-PKS），无还原裁剪域，其中产物模板（product template，PT）是其特有的结构域；②高度还原型聚酮合酶（highly-reducing，HR-PKS），均含酮基还原酶（ketoreductase，KR）和烯酰还原酶（enoylreductase，ER）；③部分还原型聚酮合酶（partial-reducing，PR-PKS），含酮基还原酶，但不含烯酰还原酶。iT1PKS中的还原型聚酮合酶有规则地重复利用酮合酶、酰基转移酶、酰基载体蛋白结构域催化克莱森缩合反应进行碳链延伸；借助酮基还原酶、脱氢酶以及烯酰还原酶结构域进行不同程度的β-酮基还原修饰，最终合成一条线的聚酮中间体。非还原型聚酮合酶通过起始单元酰基转移酶（starter unit：ACP transacylase，SAT）结构域接受该中间体后，继续进行碳链延伸，延伸后的聚酮中间体在产物模板结构域催化下实现区域选择性的芳环化，最后由NR-PKS C-末端的硫酯酶（thioesterase，TE）或还原酶（reductase，R）

结构域释放终产物。

聚酮合酶能够催化合成结构和活性多样化的聚酮类化合物，使其得到了关注。但由于真菌基因组中聚酮合酶基因通常存在与其他天然次级代谢产物基因簇，而且大多聚酮合酶基因处于沉默状态，缺少特定的刺激则不表达。培养条件的不同也会导致所产次级代谢产物有差异或不表达，导致很多化合物未能被发现。此外，真菌聚酮合酶起始单元的选择、聚酮链延伸、β-酮基还原、区域选择性芳环化以及产物释放形成的复杂分子机制等，都增加了研究聚酮化合物生物合成途径的困难程度。利用分子生物学方法研究聚酮合酶基因掀起了热潮，前人通过克隆聚酮合酶基因和分析其功能，有一定的进展性突破。但要以高效的速度获得更多新的聚酮合酶基因簇，只通过克隆的方法是不可行的，需要借助生物信息学技术鉴定其结构域和功能，研究相关生物合成途径。因此，利用基因组学挖掘的技术手段为快速发现隐藏在基因组中的天然次级代谢产物基因簇和生物合成途径提供了最佳选择。

高通量测序技术的快速发展，基因组测序成本越来越低，使得利用基因组测序分析技术鉴定聚酮合酶基因已成为国内外的研究热点。基因组挖掘方法结合生物信息学分析工具（目前应用最广泛的分析软件是 antiSNASH）能够获得更多潜在的新天然化合物，促进新化合物的发现，预测潜在聚酮合酶基因编码的产物和生物合成途径。Banskota 等对东方拟无枝酸菌（*Amycolatopsis orientalis*）的基因组进行了分析，发现该基因组中除万古霉素外，还有 10 余个次级代谢产物基因簇，其中有 1 个 I 型聚酮合酶基因催化了新化合物 ECO-0501 的生物合成。Bunet 等通过基因组挖掘，揭示了产二素链霉菌（*Streptomyces ambofaciens*）中有 10 余个基因簇参与了次级代谢产物的合成，其中 alp 基因簇参与了 II 型聚酮类化合物 Kinamycin 的生物合成。原晓龙等从蛹虫草的基因组中，通过生物信息学分析，挖掘到 14 个聚酮合酶基因后，对其蛋白序列进行结构域和聚类分析来推测其功能；次年该课题组以相同的方法从球孢白僵菌基因组中挖掘到 13 个聚酮合酶基因，也对获得的聚酮合酶基因的结构域和功能进行了推测，并从挖掘到的潜在聚酮合酶基因中，挑选了 1 个含 SDR 结构域的 *PKS/NRPS* 基因进行了克隆获得全长后，全长序列进行了生物信息学分析及系统进化分析，预测了其结构域和功能，以及测定了不同培养条件下该基因的表达量，为进一步通过异源表达的方式来鉴定该基因的功能和生物合成研究奠定了重要的基础。János 等也通过系统发育方法对聚酮合酶蛋白序列中的结构域进行了排列和分析，以此来推测曲酶属（*Aspergillus* sp.）中聚酮合酶基因的功能。Preetida 等对曲霉属也通过全基因组测序，从 5 株曲霉菌中获得 21 ～ 34 个不等的聚酮合酶基因。Komaki 等也利用基因组挖掘技术手段对 *Streptomyces turgidiscabies* NBRC 16081 基因组中的聚酮合酶和 *NRPS* 基因进行了挖掘，结果表明该菌株基因组中有 2 个 I 型聚酮合酶、2 个 II 型聚酮合酶、6 个 *PKS/NRPS* 和 7 个 *NRPS* 基因，结合 ORF 对特殊位点的结构域进行分析和比对，推测基因可能的功能。Roslyn 等对香蕉叶斑病（*Mycosphaerella fijiensis*）基因组测序后，从中挖掘到了 8 个聚酮合酶基因簇，结合生物信息技术对潜在的聚酮合酶基因簇的结构域进行了预测，根据结构域的不同将其分类，再利用系统发育分析推测其可能的生物合成途径。Zheng 等分析了 *Ktedonobacteria* 基因组信息，利用 antiSMASH 在线软件预测了该菌具有生产天然化合产物的巨大潜力，对潜在的聚酮合酶和 *NRPS* 基因结构域和功能进行了预测。Frederick 等对（*Cladobotryum protrusum*）的基因组中的次级代谢产物基因簇利用 antiSMASH 软件进行预测，包括 39 个聚酮合酶、19 个萜类、17 个 *NRPS* 和 7 个 I 型 *PKS/NRPS*，根据注释结果有 16 个基因预测到已知功能，其余未知。Komaki 等利用鸟枪法对色褐链霉菌（*Streptomyces* sp.）MWW064 菌株的基因组进行了测序和分析，结合生物信息学分析了该基因组中聚酮合酶和 *NRPS* 的相关结构域，挖掘到 3 个 I 型聚酮合酶、7 个 *NRPS* 和 4 个杂合的 *PKS/NRPS* 基因簇。根据装配机制，预测了每个基因簇可能合成的化学骨架，结果表明其中 1 个杂合的 *PKS/NRPS* 基因簇预测产物的主链与前期分离到的 Cyclic depsipeptide rakicidin D 的碳主链一致，因此从中成功鉴定出了 *PKS/NRPS-1* 基因簇参与了 Rakicidin 的生物合成。

越来越多的研究证明了利用基因组挖掘技术结合生物信息学分析工具，能够预测编码次级代谢产物合成基因簇，挖掘到更多生物活性较强的次级代谢产物，推测潜在的次级代谢产物的功能、生物合成及调控，等等。但是对于真菌聚酮合酶基因而言，其通常与其他途径相关的基因成簇存在，且在很多情况下属于沉默状态，只有在特定情况下才能够表达，使得研究聚酮化合物的生物合成途径较为困难，这是导致聚酮类化合物的生物合成、调控机制的研究不够深入的主要原因之一。因此，基于基因组学分析、生物信息学等技术手段，对潜在新化合物的结构特征、生物合成机制、代谢调控等方面的分类和研究，为进一步深入研究该类新化合物的合成机理打下坚实的理论基础。

参考文献

[1] 高小音，刘雷，王梦亮，等．“组学”在内生菌与植物互作研究中的应用 [J]．微生物前沿，2019，8（2）：10.

[2] 李伟，印莉萍．基因组学相关概念及其研究进展 [J]．生物学通报，2000，35（11）：1-3.

[3] SILVA R N. Perspectives in genomics the future of fungi in ‘omics’ era[J]. Current Genomics, 2016, 17（2）: 82-84.

[4] 孙慧颖，冯杰，梁月，等．组学技术在核盘菌研究中的应用 [J]．生物工程学报，2019，35（4）：589-597.

[5] CHEN Y X, CHEN Y S, SHI C, et al. SOAPnuke: a MapReduce acceleration-supported software for integrated quality control and preprocessing of high-throughput sequencing data[J]. Gigascience, 2017, 1: 1.

[6] KOREN S, WALENZ B P, BERLIN K, et al. Canu: scalable and accurate long-read assembly via adaptive k-mer weighting and repeat separation[J]. Genome Research, 2017, 2: 116.

[7] SIMÃO F A, WATERHOUSE R M, PANAGIOTIS I, et al. BUSCO: assessing genome assembly and annotation completeness with single-copy orthologs[J]. Bioinformatics, 2015, 19: 19.

[8] KANEHISA M, GOTO S, KAWASHIMA S, et al. The KEGG resource for deciphering the genome[J]. Nucleic Acids Research, 2004, 32: 277-280.

[9] MAGRANE M. UniProt knowledgebase: a hub of integrated protein data[J]. Database（Oxford）, 2011: 9.

[10] TATUSOV R L, FEDOROVA N D, JACKSON J D, et al. The COG database：an updated version includes eukaryotes[J]. BMC Bioinformatics, 2003, 4: 41-41.

[11] CANTAREL B L, COUTINHO P M, RANCUREL C, et al. The carbohydrate-active enzymes database（CAZy）: an expert resource for Glycogenomics[J]. Nucleic Acids Research, 2008, 37（1）: 233-238.

[12] ASHBURNER M, BALL C A, BLAKE J A, et al. Gene ontology：tool for the unification of biology. the gene ontology consortium[J]. Nature genetics, 2000, 25（1）: 25-29.

[13] TARAILO-GRAOVAC M, CHEN N. Using RepeatMasker to identify repetitive elements in genomic sequences[J]. Current Protocols in Bioinformatics, 2009, 25（1）: 4-10.

[14] BAO W, KOJIMA K K, KOHANY O. Repbase Update: a database of repetitive elements in eukaryotic genomes[J]. Mobile DNA, 2015, 6: 11.

[15] XU Z, WANG H. LTR-FINDER: an efficient tool for the prediction of full-length LTR retrotransposons[J]. Nucleic Acids Research, 2007, 35: 265-268.

[16] BENSON G. Tandem repeats finder: a program to analyze DNA sequences[J]. Nucleic Acids Research, 1999, 27（2）: 573-580.

[17] CUOMO C A, GÜLDENER U, XU J R, et al. The *Fusarium graminearum* genome reveals a link between localized polymorphism and pathogen specialization[J]. Science, 2007, 317（5843）:1400-1402.

[18] 潘园园，李二伟，车永胜，等．丝状真菌次级代谢产物的研究现状与发展趋势 [J]．菌物学报，2015，34（5）：890-899.

[19] COLLIE N, MYERS W. The formation of orcinol and other condensation products from dehydracetic acid[J]. Journal of The Chemical Society, Transactions, 1893, 63：122.

[20] 孙宇辉，邓子新．聚酮化合物及其组合生物合成 [J]．中国抗生素杂志，2006，31（1）：6-14.

[21] 杨雨蒙，徐敬国，胡伊旻，等．土壤微生物宏基因组文库构建及聚酮合酶基因的筛选 [J]．土壤通报，2018，49（4）：807-812.

[22] 胡又佳，朱春宝，朱宝泉．组合生物合成研究进展 [J]．中国抗生素杂志，2001，5：321-330.

[23] KOSHINEN A M P, KARISALMI K. Polyketide stereotetrads in natural products[J]. Chemical Society Reviews, 2005, 34（8）: 677-690.

[24] STAUNTON J, WEISSMAN K J. Polyketide biosynthesis：a millennium review[J]. Natural Product Reports, 2001, 18（4）: 380.

[25] JONATHAN, WHICHER, SOMNATH, et al. Structural rearrangements of a polyketide synthase module during ITS catalytic cycle[J]. Nature, 2014, 510: 7506.

[26] COX R J, SIMPSON T J. Fungal type I polyketides[J]. Comprehensive Natural Products II, 2010, 1: 347-383.

[27] DEWICK P M. Medicinal natural products: a biosynthetic approach：third edition[J]. Journal of Ethnopharmacology, 2009, 124（3）: 1-539.

[28] 原晓龙，华梅，陈剑，等．牛樟芝非还原型聚酮合酶基因的克隆及表达分析 [J]．中草药，2018，49（20）：159-165.

[29] SHEN B. Polyketide biosynthesis beyond the type I, II and III polyketide synthase paradigms[J]. Current Opinion in Chemical Biology, 2003, 7（2）: 285-295.

[30] WANG C, WANG X, ZHANG L, et al. Intrinsic and extrinsic programming of product chain length and release mode in fungal collaborating iterative polyketide synthases[J]. Journal of the American Chemical Society, 2020, 142（40）: 17093-17104.

[31] 许杨，魏康霞．真菌聚酮合酶基因的研究进展 [J]．食品与生物技术学报，2008，27（2）：1-5.

[32] 陈锡玮，许蒙，冯程，等．真菌聚酮化合物生物合成研究进展 [J]．生物工程学报，2018，34（2）：151-164.

[33] 付博，樊泽正，杜毅涛，等．微生物基因组挖掘的方法和研究策略 [J]．基因组学与应用生物学，2018，37（6）：2451-2458.

[34] 汪世华，刘阳．真菌次级代谢的新时代 [J]．菌物学报，2020，39（3）：471-476.

[35] BANSKOTA A H, MCALPINE J B, SØRENSEN D, et al. Genomic analyses lead to novel secondary metabolites Part 3 ECO-0501, a novel antibacterial of a new class[J]. Official journal of Japan Antibiotics Research Association, 2006, 59（9）: 74.

[36] BUNET R, SONG L, MENDES M, et al. Characterization and manipulation of the pathway-specific late regulator AlpW reveals *Streptomyces ambofaciens* as a new producer of Kinamycins[J]. Journal of Bacteriology, 2011, 193: 1142-53.

[37] 原晓龙，李云琴，王毅．蛹虫草聚酮合酶基因的多样性分析 [J]．西部林业科学，2019，48（2）：97-103，113.

[38] 原晓龙，李云琴，王毅．球孢白僵菌中聚酮合酶基因多样性分析 [J]．基因组学与应用生物学，2020，39（2）：126-133.

[39] 原晓龙，李娟，李云琴，等．1 个含有 SDR 结构域 PKS/NRPS 基因的克隆 [J]．浙江农林大学学报，2019，36（6）：1247-1253.

[40] VARGA J, RIGÓ K, KOCSUBÉ S, et al. Diversity of polyketide synthase gene sequences in *Aspergillus* species[J]. Research Microbiology, 2003, 154（8）: 593-600.

[41] PREETIDA J, BHETARIYA, TARUNA M, et al. Allergens/antigens, toxins and polyketides of important *Aspergillus* species[J]. Indian Journal of Clinical Biochemistry, 2011, 26（2）: 104.

[42] KOMAKI H, ICHIKAWA N, OGUCHI A, et al. Genome-wide survey of polyketide synthase and nonribosomal peptide synthetase gene clusters in *Streptomyces turgidiscabies* NBRC 16081[J]. Journal of General and Applied Microbiology, 2012, 58（5）: 363-72.

[43] NOAR R D, DAUB M E. Bioinformatics prediction of polyketide synthase gene clusters from *Mycosphaerella fijiensis*[J]. Plos One, 2016, 11（7）: e0158471.

[44] ZHENG Y, SAITOU A, WANG C M, et al. Genome features and secondary metabolites biosynthetic potential of the class ktedonobacteria[J]. Frontiers in Microbiology, 2019, 10: 893.

[45] SOSSAH F, LIU Z, YANG C, et al. Genome Sequencing of *Cladobotryum protrusum* provides insights into the evolution and pathogenic mechanisms of the cobweb disease pathogen on cultivated mushroom[J]. Genes, 2019, 10（2）: 124.

[46] KOMAKI H, ISHIKAWA A, ICHIKAWA N, et al. Draft genome sequence of *Streptomyces* sp. MWW064 for elucidating the Rakicidin biosynthetic pathway[J]. Standards in Genomic Sciences, 2016, 11: 83.

4 锈菌重寄生菌天然产物

拟盘多毛孢属真菌在自然界广泛存在，生活习性多样，包括致病、腐生、内生、重寄生等。它既是重要的植物病原菌，又是一类具有经济价值的无性型真菌。近年来，研究发现该属真菌具有高效产生次生代谢产物的能力，因此受到广泛关注。一些拟盘多毛孢菌株的次生代谢产物可作为潜在的药物治疗人类的疾病或者用于控制植物病害。目前，从拟盘多毛孢属菌株中分离得到的化合物种类包括萜类、生物碱类、环肽类、香豆素类、醌类和半醌类、色酮类、酚类、酯类等，很多化合物表现出了一定的抗肿瘤、抗菌、抗病毒、抗氧化等活性。但是，目前对于拟盘多毛孢次生代谢产物的研究主要集中在内生拟盘多毛孢，对于重寄生拟盘多毛孢，除本课题组外还未见相关报道。拟盘多毛孢菌株 cr013 和 cr014 分别是从东川二二二林场和广元天台山林场的茶藨生柱锈的锈孢子堆上分离得到的重寄生菌，由于其具有特殊生境，我们开展了 3 株菌的化学成分研究，为从化学层面解析重寄生菌的生长和活性次生代谢产物功能的开发奠定了基础。

4.1 茶藨生柱锈重寄生拟盘多毛孢菌天然产物与活性

4.1.1 材料与方法

4.1.1.1 仪器和材料

旋光由 Jasco P-1020 型全自动数字旋光仪测定；红外光谱由 BRUKER Tensor-27 傅立叶变换中红外光谱仪测定，KBr 压片；紫外吸收光谱由

Shimadzu UV2401PC 型紫外可见分光光度仪测定；质谱由 Finnigan LCQ-Advantage 型以及 Xevo TQ-S 型超高压液相色谱三重四极杆串联质谱联用仪测定；核磁共振波谱由 Bruker Bruker AM-400、DRX-500 及 Avance Ⅲ 600 核磁共振仪测定，氘代溶剂中测定，TMS 作为内标，δ 为 ppm，J 为 Hz；高分辨质谱由 Waters AutoSpec Premier P776 三扇型双聚焦磁质谱仪测定；X-ray 由 APEX DUO 型射线单晶衍射仪测定。

薄层层析（TLC）正相硅胶板（GF_{254}），拌样硅胶（80 ～ 100 目），柱层析用硅胶 H、GF 254、G、200 ～ 300 目、100 ～ 200 目，均为青岛海洋化工厂生产；柱层析硅胶 H，反相填充材料 RP-18（40 ～ 70μm）为德国 Merk 公司生产；凝胶材料羟丙基葡聚糖凝胶 Sephadex LH-20，为瑞典 Pharmacia 公司生产。

显色剂为碘粉、5% H_2SO_4-EtOH 溶液和碘化铋钾显色剂。

SHZ-D（Ⅲ）型循环水多用真空泵，为巩义市予华仪器有限责任公司生产；旋转蒸发仪，为瑞士 BÜCHI 公司生产；ZF-1 型三用紫外分析仪为海门市其林贝尔仪器制造有限公司生产。

4.1.1.2 重寄生拟盘多毛孢菌株 cr013 化学成分的研究

（1）培养基和培养条件

改良弗里斯培养基：KH_2PO_4 1.0g，$MgSO_4 \cdot 7H_2O$ 0.5g，NaCl 0.1g，$CaCl_2 \cdot 2H_2O$ 0.13g，蔗糖 20g，酒石酸铵 5.0g，酵母浸膏 1.0g，NH_4NO_3 1.0g，蒸馏水 1000mL，琼脂 15 ～ 20g，pH 值自然。

培养条件：菌株 cr013 用改良弗里斯培养基固体发酵 30L，室温下培养 21d。

（2）发酵产物的提取与分离

将固体发酵 21d 的培养物切为小块，用乙酸乙酯：甲醇：乙酸 =80 : 15 : 5（V/V/V）混合溶剂浸泡提取 3 次，用乙酸乙酯萃取至颜色不再改变，用旋转蒸发仪 45℃减压浓缩至干，得浸膏（30.2 g）。

将 30.2g 浸膏用适量的溶剂溶解后，用硅胶（100 ～ 200 目）拌样，经正相柱层析（200 ～ 300 目），用氯仿：甲醇 =（100 : 0，10 : 1，9 : 1，8 : 2，0 : 100）系统进行梯度洗脱，通过薄层层析检测，将含有相同 Rf 值和显色情况的化合物组分合并在一起，分别减压浓缩至干，共分为 5 个组分：

Fr.1 ～ Fr.5。

Fr.1（9.223g）用硅胶（100 ～ 200 目）拌样，洗脱柱填装 200 ～ 300 目硅胶，用石油醚：乙酸乙酯 =（10：1，8：2，7：3，6：4）和氯仿：甲醇 =（20：1，10：1，8：2，0：100）系统进行梯度洗脱，得到 11 个组分（Fr 1.1 ～ Fr 1.11）。其中 Fr.1.6 用硅胶（100 ～ 200 目）拌样，洗脱柱填装 GF254 硅胶，用石油醚：丙酮 =（9：1）进行等度洗脱，得到 8 个亚组分（Fr.1.6.1 ～ Fr.1.6.8）。其中，Fr.1.6.6 用硅胶（100 ～ 200 目）拌样，洗脱柱填装 GF254 硅胶，用含有 3‰甲酸的氯仿：甲醇 =（100：1）系统进行等度洗脱，得到化合物 1（33.5mg）。Fr.1.7 用硅胶（100 ～ 200 目）拌样，洗脱柱填装 GF254 硅胶，用石油醚：丙酮 =（100：7，10：1，8：2）系统进行梯度洗脱，得到 6 个亚组分（Fr.1.7.1 ～ Fr.1.7.6）。其中 Fr.1.7.1 经 Sephadex LH-20（甲醇）分离后得到 2 个组分，分别为 Fr.1.7.1.1 和 Fr.1.7.1.2。其中 Fr.1.7.1.1 用硅胶（100 ～ 200 目）拌样，洗脱柱填装 GF254 硅胶，用氯仿：丙酮 =（100：6，10：1，8：2）系统进行梯度洗脱，得到化合物 3（55.5mg）。Fr.1.7.6 经 Sephadex LH-20（甲醇）分离后，再用硅胶（100 ～ 200 目）拌样，洗脱柱填装 GF254 硅胶，用氯仿：甲醇 =（5：1）系统进行等度洗脱，得到化合物 2（3.5mg）。

Fr.2（3.233g）用硅胶（100 ～ 200 目）拌样，洗脱柱填装 200 ～ 300 目硅胶，用氯仿：甲醇 =（20：1，10：1，9：1，8：2，7：3）系统进行梯度洗脱，得到 5 个组分（Fr.2.1 ～ Fr.2.5）。其中 Fr.2.1 用硅胶（100 ～ 200 目）拌样，洗脱柱填装 GF254 硅胶，用石油醚：丙酮 =（9：1，7：3）系统进行梯度洗脱，得到 Fr.2.1.1 和 Fr.2.1.2。Fr.2.1.1 经 Sephadex LH-20（甲醇）分离后，再用硅胶（100 ～ 200 目）拌样，洗脱柱填装 GF254 硅胶，用含有 3‰甲酸的氯仿：丙酮 =（8：2，7：3，0：100）系统进行梯度洗脱，得到 3 个组分（Fr.2.1.1.1.1 ～ Fr .2.1.1.1.3）。其中 Fr .2.1.1.1.3 经 LC3000 型 - 高效液相色谱仪分离，得到化合物 5（2.5mg）和化合物 6（4.5mg）。Fr.2.4 经 Sephadex LH-20（氯仿：甲醇 =1：1）分离后得到 2 个组分（Fr.2.4.1 和 Fr.2.4.2）。Fr.2.4.1 经 Sephadex LH-20（甲醇）分离后得到 2 个组分（Fr.2.4.1.1 和 Fr.2.4.1.2）。Fr.2.4.1.1 先经 LC3000 型 - 高效液相色谱仪分离纯化后，再用硅胶（100 ～ 200 目）拌样，洗脱柱填装 GF254 硅胶，用石油醚 - 丙酮（8：2）进行等度洗脱后，得到化

合物 4（2.0mg）。

4.1.1.3 重寄生拟盘多毛孢菌株 cr014 化学成分的研究

（1）培养基和培养条件

改良 M-1-D 培养基：$NaH_2PO_4 \cdot H_2O$ 20mg，$FeCl_3$ 2.0mg，$MgSO_4$ 360mg，KCl 60mg，$Ca(NO_3)_2$ 2280mg，KNO_3 80mg，蔗糖 30g，酒石酸铵 5g，酵母浸膏 0.5g，$MnSO_4$ 5.0mg，$ZnSO_4 \cdot 7H_2O$ 2.5mg，H_3BO_4 1.4mg，KI 0.7mg，蒸馏水 1000 mL，琼脂 15 ～ 20g，pH 自然。

培养条件：菌株 cr014 用改良 M-1-D 培养基发酵 30L，室温下培养 20d。

（2）发酵产物的提取与分离

将已发酵 20d 的改良 M-1-D 培养基连同其上的菌落一同切为细小块状，用乙酸乙酯：甲醇：乙酸 =80：15：5（V/V/V）混合溶剂浸泡提取 3 次，将 3 次提取物合并浓缩后，再用乙酸乙酯萃取至颜色不再改变，最后用旋转蒸发仪 45℃减压浓缩至干，得浸膏（37.337g）。

将乙酸乙酯萃取后所得的浸膏（37.337g）用适量的溶剂溶解后，用硅胶（100 ～ 200 目）拌样，经正相柱层析（200 ～ 300 目），用石油醚：乙酸乙酯 =（10：1 → 6：4），氯仿：甲醇 =（20：1 → 0：100）系统梯度洗脱，经薄层层析检测，将含有相同 Rf 值和显色情况化合物的组分合并在一起，分别减压浓缩至干，共分为 10 个组分：Fr.1 ～ Fr.10。

Fr.4（8.423g）经 Sephadex LH-20（氯仿：甲醇 =1：1）分离后得到 4 个组分（Fr.4.1 ～ Fr.4.4）。其中 Fr.4.2（635mg）经 Sephadex LH-20（甲醇）分离后，再经 NP7000 型 - 高效液相色谱仪分离得到化合物 11（1.2mg）和化合物 10（3.9mg）。Fr.4.4（63mg）经 Sephadex LH-20（氯仿：甲醇 =1：1）分离后得到化合物 8（12.2mg）。

Fr.5（2.377g）经 Sephadex LH-20（甲醇）分离后得到 5 个组分（Fr.5.1 ～ Fr.5.5）。其中 Fr.5.4（329mg）经 Sephadex LH-20（甲醇）分离后，再用硅胶（100 ～ 200 目）拌样，洗脱柱填装 GF254 硅胶，用石油醚：丙酮 =（8：2）系统进行等度洗脱，得到化合物 9（9.8mg）。

Fr.6（213mg）经 Sephadex LH-20（氯仿：甲醇 =1：1）分离后得到 4 个组分（Fr.6.1 ～ Fr.6.4）。其中 Fr.6.2 用硅胶（100 ～ 200 目）拌样，洗脱柱

填装为 GF254 硅胶，用石油醚：丙酮 =（8：2）系统进行等度洗脱，得到化合物 16（9.8mg）。Fr.6.3 经 Sephadex LH-20（氯仿：甲醇 =1：1）分离后得到 Fr.6.3.1。Fr.6.3.1 用硅胶（100 ～ 200 目）拌样，洗脱柱填装为 GF254 硅胶，用含有 0.3% 甲酸的石油醚：丙酮 =（7：2）系统进行等度洗脱后，再经 Sephadex LH-20（甲醇）纯化后得到化合物 7（1.1mg）。

Fr.8（386mg）经 Sephadex LH-20（丙酮）分离后得到 3 个组分（Fr.8.1 ～ Fr.8.3）。其中 Fr.8.1 经 NP7000 型 - 高效液相色谱仪分离得到 3 个亚组分（Fr.8.1.1 ～ Fr.8.1.3）。Fr.8.1.1 用硅胶（100 ～ 200 目）拌样，洗脱柱填装为 GF254 硅胶，用含有 0.3% 甲酸的石油醚：丙酮 =（7：3）系统进行等度洗脱后，得到化合物 15（4.5mg）。Fr.8.1.3 经 NP7000 型 - 高效液相色谱仪分离得到 4 个亚组分（Fr.8.1.3.1 ～ Fr.8.1.3.4）。Fr.8.1.3.3 用硅胶（100 ～ 200 目）拌样，洗脱柱填装为 GF254 硅胶，用含有 0.3% 甲酸的石油醚：丙酮 =（7：3）系统进行等度洗脱后，得到化合物 14（14.0mg）。Fr.8.1.3.4 用硅胶（100 ～ 200 目）拌样，洗脱柱填装为 GF254 硅胶，用含有 0.3% 甲酸的石油醚：丙酮 =（7：3）系统进行等度洗脱后，得到化合物 13（17.4mg）和化合物 12（1.0mg）。

4.1.1.4 部分化合物活性研究

（1）菌株 cr013 化合物活性研究

①供试化合物及试剂

供试化合物：化合物 1、化合物 2、化合物 3、化合物 4、化合物 6。

阳性对照：顺铂（MW300）；紫杉醇。

供试试剂：S- 癸基硫化甲烷磺酸酯（噻唑蓝类似物）。

②检测原理与方法

抗肿瘤活性用噻唑蓝比色法测定：肿瘤细胞在 96 孔板中，分别用浓度为 0.064μM、0.32μM、1.6μM、8μM 和 40μM 的化合物处理，48h 后，向其中加入 0.1mg S- 癸基硫化甲烷磺酸酯，使其最终浓度为 20%。处理后，在 37℃下培养 4h，通过分光光度法测定其在 490nm 下的吸光值。IC_{50} 值通过浓度效应生长曲线计算确定。活性检测以顺铂和紫杉醇作为阳性对照。供试化合物活性由昆明植物研究所分析测试中心测定。

（2）菌株 cr014 化合物活性研究

①供试化合物及试剂

供试化合物：化合物 8、化合物 9、化合物 10、化合物 11、化合物 13、化合物 14、化合物 15。

阳性对照：头孢噻肟 Cefotaxime。

供试菌种：青枯菌（*Ralstonia solanacearum*）、沙门伤寒菌（*Salmonella typhi*）、大肠杆菌（*Escherichia coli*）、金黄色葡萄球菌（*Staphylococcus aureus*）。

②检测原理与方法

细菌的最低抑菌浓度值采用改良的微生物稀释法测定。4 株病原细菌于 25℃下在营养琼脂培养基上培养 18 ～ 24h，然后用无菌的接种环收集病原细菌菌体，于装有 10mL 无菌的生理盐水的离心管中培养。细菌悬浮液的浓度在 630nm 光学密度为 0.10 的标准条件下调整为 10^8CFU/mL。该浓度的细菌悬浮液在使用前稀释 100 倍，最终浓度为 10^6CFU/mL。所有被测试的化合物均溶解于二甲基亚砜中，最终配成浓度为 4μg/μL 的溶液。测定活性时采用倍比稀释法，将不同浓度的待测化合物和含有细菌悬浮液的肉汤添加到96孔板中，最终反应体积定在 200μL（二甲基亚砜的最终浓度等于或少于 5%）。以二甲基亚砜作为阴性对照，未加入化合物和二甲基亚砜的细菌悬浮液作为空白对照，以加入头孢噻肟作为阳性对照。最后将 96 孔板置于 37℃下培养 24h。24h 后，通过测定吸光值确定细菌增长量，细菌增长量几乎为 0 时的化合物浓度即为最低抑菌浓度（MIC）值。每个处理均设置 3 次重复。

4.1.2 结果与分析

4.1.2.1 化合物结构解析

（1）菌株 cr013 化合物结构解析

化合物 1：黄色油状，结合 ^{13}C 核磁共振波谱（NMR）和无畸变极化转移技术谱（DEPT）、高分辨质谱 HR-EI-MS（[M]$^+$ *m/z* 320.1616; calc. 320.1624）确定其分子式为 $C_{18}H_{24}O_5$，从 ^{13}C 核磁共振波谱和无畸变极化转移技术谱（表 4–1）上可以看出化合物 1 中含有 5 个季碳信号（δ_C 197.0、δ_C 171.2、δ_C 155.8、δ_C 132.7 和 δ_C 65.6），6 个次甲基（δ_C 136.4、δ_C 142.5、δ_C 130.3、δ_C 122.2、δ_C 65.7

和 δ_C 59.4)，5 个亚甲基（δ_C 31.3、δ_C 34.7、δ_C 29.7、δ_C 32.8 和 δ_C 23.7）和 2 个甲基（δ_C 14.5 和 δ_C 13.0）。根据 ^{1}H- 核磁共振波谱（表 4–1）数据显示：由于具有一个单峰甲基（δ_H 1.88，s）和一个三重峰甲基（δ_H 0.93，t，J = 6.9 Hz），表明化合物 1 是氨基丁酸的类似物（图 4–1）。

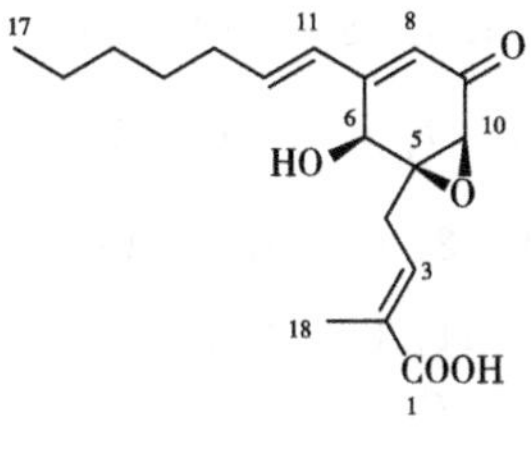

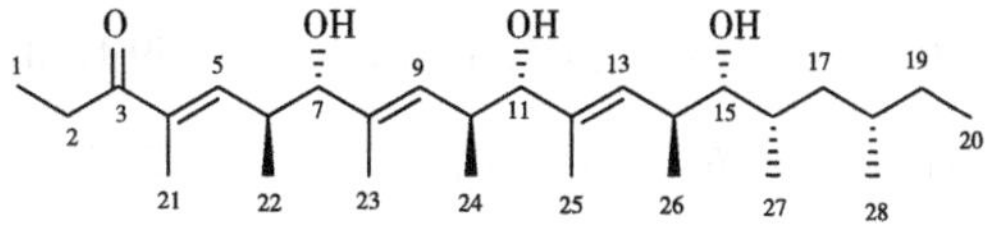

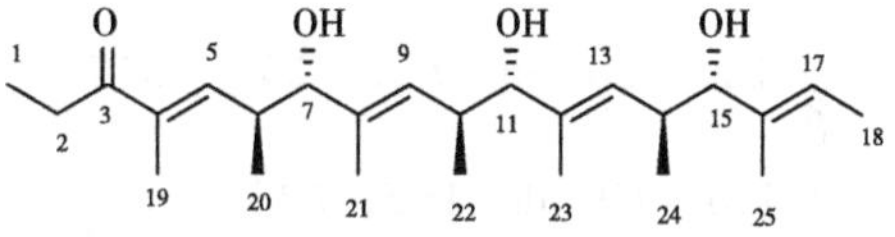

图 4–1　拟盘多毛孢菌株 cr013 化合物结构

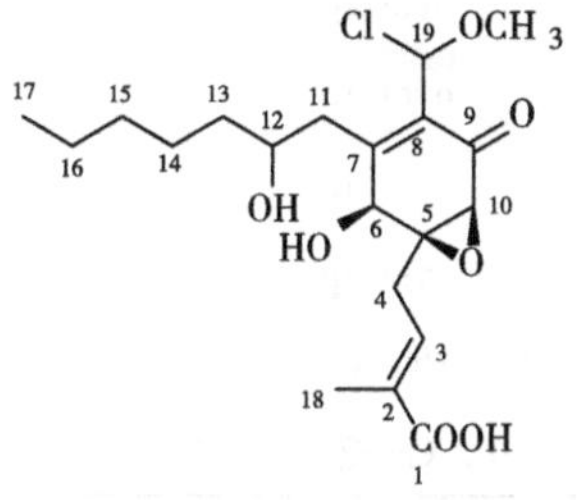

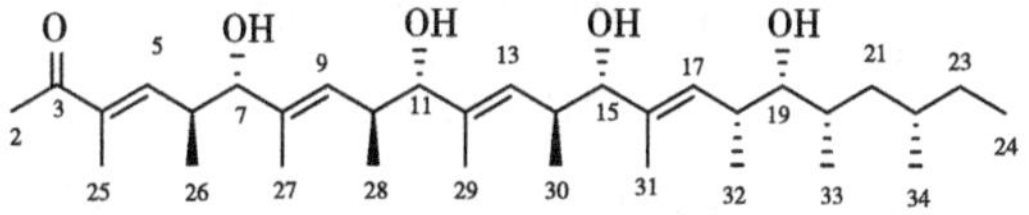

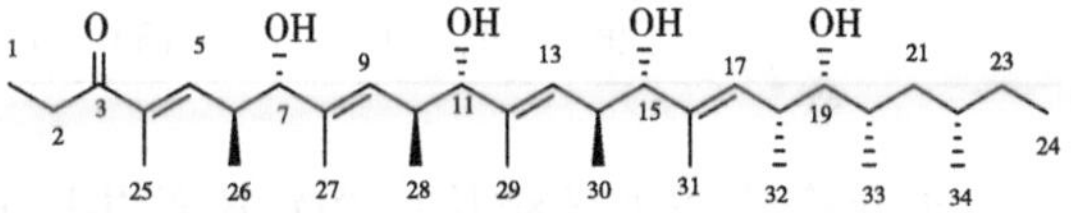

表 4–1　化合物 1 的核磁数据（CD_3OD）

位置	^{1}H	^{13}C	异核多键相关谱
1	–	171.2，s	–
2	–	132.7，s	–
3	6.87（1H，td，7.5，1.4）	136.4，d	C—1，C—2，C—4，C—5，C—18
4	3.19（1H，dd，15.6，7.7） 2.71（1H，dd，15.6，7.6）	31.3，t	C—1，C—2，C—3，C—5，C—10 C—1，C—2，C—3，C—5，C—10
5	–	65.6，s	–
6	4.75（1H，s）	65.7，d	C—4，C—5，C—7，C—8，C—9（w），C—10，C—11

续表

位置	^{1}H	^{13}C	异核多键相关谱
7	–	155.8，s	–
8	5.79（1H，d，1.2）	122.2，d	C—5，C—7，C—10，C—11
9	–	197.0，s	–
10	3.32（1H，t，1.2）	59.4，d	C—5，C—8，C—9
11	6.18（1H，d，16.2）	130.3，d	C—5，C—7，C—8，C—13
12	6.51（1H，dt，7.1，16.2）	142.5，d	C—7，C—8，C—13，C—14
13	2.25（2H，dt，7.2，7.2）	34.7，t	C—7，C—11，C—12，C—14，C—15
14	1.51（1H，dt，14.5，7.3） 1.37（1H，m，overlap）	29.7，t	overlap overlap
15	1.51（1H，dt，14.5，7.3） 1.37（1H，m，overlap）	32.8，t	overlap overlap
16	1.37（2H，m，overlap）	23.7，t	overlap
17	0.93（3H，t，6.9）	14.5，q	C—15，C—16
18	1.88（3H，s）	13.0，q	C—1，C—2，C—3

该化合物详细的结构由 2D- 核磁共振波谱确定。根据异核多键相关谱上的数据（表 4–1）显示：3 位烯基的质子 δ_H 6.87（H-3）与 δ_C 171.2（C—1）、δ_C132.7（C—2）、δ_C31.3（C—4）、δ_C65.6（C—5）和 δ_C13.0（C—18）相关，18 位甲基上的质子 δ_H 1.88（H-18）与 δ_C 171.2（C—1）、δ_C132.7（C—2）和 δ_C136.4（C—3）相关；4 位亚甲基上的质子 δ_H 3.19 和 δ_H2.71（H-4）与 δ_C 171.2（C—1）、δ_C132.7（C—2）、δ_C136.4（C—3）、δ_C65.6（C—5） 和 δ_C59.4（C—10）相关；6 位连氧的次甲基上的质子 δ_H 4.75（H-6）与 δ_C 155.8（C—7）、δ_C122.2（C—8）、δ_C65.6（C—5）、δ_C59.4（C—10）和 δ_C31.3（C—4）相关；结合 H-10 与 C—9、C—8 和 C—5 等其他相关点，表明该化合物含有 4-（2-hydroxy-5-oxo-7-oxabicyclo[4.1.0] hept-3-en-1-yl）-2-methylbut-2-enoic acid 单元。最后一个位于 C-7 位的庚烯基团通过其他相关性确定。由同核质子位移相关谱（表 4–1）中的数据可以看出由该化合物的关键相关点（H-3/H-4；H-11/H-12/H-13；H-15/H-16/H-17）可以推导出化合物含有 C-3-C-4、-

C-11-C-12–C-13 和 -C-15-C-16-C-17 3 个片段。最终推导出该化合物的平面结构。

化合物 1 的相对构型由二维核磁实验确定，核奥弗豪泽效应数据显示：H-4、H-6 和 H-10 相关确定了对应 C-5、C-6 和 C-10 构型，并且从 ^{1}H- 核磁共振波谱计算出 H-11 和 H-12 的耦合常数为 16.2Hz，揭示了位于 C-11 的双键是 *E* 构型，由此得出了化合物 1 的相对构型。

化合物 2：褐色油状，结合 ^{13}C 核磁共振波谱和无畸变极化转移技术谱，由高分辨质谱 HR-ESI-MS（$[M + Na]^+$ *m/z*439.1503; calc. 439.1500）确定其分子式为 $C_{20}H_{19}{}^{35}ClO_5$。根据 MS 和核磁共振波谱数据比较化合物 2 和化合物 1（表 4–2），发现化合物 2 中的多出两个碳（δ_C 95.4 和 δ_C55.0）外，化合物 2 与化合物 1 非常相似（图 4–1）。另外，在自然界中由于 Cl 的同位素 ^{37}Cl（24.47%）的含量是 ^{35}Cl（75.53%）的 1/3，并且从化合物 2 的 ESI-MS 的实验数据中可以观察到化合物 2 的分子量中有一个为 m/z 441 $[M + 2 + Na]^+$ 同位素峰，其丰度为另一个同位素峰 m/z 439 $[M + Na]^+$ 的 1/3，因此可以判定化合物 2 中含有一个 Cl 原子取代基。并且由于含氧的次甲基 δ_C 95.4（δ_H 4.98）的化学位移向低场位移，表明具电负性的基团（氯原子）与含氧次甲基相连。

表 4–2　化合物 2 的核磁数据（CD_3OD）

位置	^{1}H	^{13}C	异核多键相关谱
1	–	171.5，s	–
2	–	133.0，s	–
3	6.84（1H，td，7.6，1.1）	136.1，d	C—1，C—2，C—4，C—5，C—18
4	3.18（1H，dd，7.8，15.5） 2.56（1H，dd，7.8，15.5）	31.3，t	C—2，C—3，C—5，C—10 C—2，C—3，C—5，C—10
5	–	65.5，s	–
6	4.21（1H，s）	68.0，d	C—5，C—7，C—8，C—9（w），C—10，C—11，
7	–	155.9，s	–
8	–	127.7，s	–
9	–	193.3，s	–

续表

位置	^{1}H	^{13}C	异核多键相关谱
10	3.32（1H，m）	59.9，d	C—4，C—5，C—8，C—9，C—19(w)
11	2.58(1H，dd，3.4，18.9) 2.04（1H，dd，11.1，18.9）	34.0，t	C—7，C—8，C—12 C—7，C—8，C—9（w），C—12，C—13
12	3.96（1H，m）	67.2，d	–
13	1.60（2H，m，overlap）	36.4，t	overlap
14	1.60（1H，m，overlap） 1.44（1H，m）	26.5，t	overlap C—15
15	1.38（2H，m，overlap）	33.1，t	overlap
16	1.38（2H，m，overlap）	23.9，t	overlap
17	0.94（3H，t，6.9）	14.6，q	C—15，C—16
18	1.87（3H，s）	13.0，q	C—1，C—2，C—3
19	4.98（1H，s）	95.4，d	C—7，C—8，C—9（w），C—6，19-OCH_3
19-OCH_3	3.43（3H，s）	55.0，q	C—19

根据2D-核磁共振波谱数据（表4–2），该化合物一个次甲基上的质子δ_H 4.98（H-19）与δ_C 155.9（C—7）、δ_C127.7（C—8）、δ_C193.3（C—9）(w)、δ_C68.0（C—6）和δ_C 55.0（19-OCH3）相关，表明C—8为连了一个chloro-methoxy-methyl取代基；另外，11位亚甲基上的质子δ_H 2.58和δ_H2.04（H-11）与δ_C 155.9（C—7）、δ_C127.7（C—8）和δ_C67.2（C—12）相关和10位次甲基上的质子δ_H3.3（H-10）与δ_C 31.3（C—4）、δ_C65.5（C—5）、δ_C127.7（C—8）、δ_C 193.3（C—9）和δ_C 95.4（C—19）相关，可以看出位于11位的双键与水形成水合物，并且羟基是位于C—13。而其他的异核多键相关谱上的主要的相关点与化合物1基本相同。

化合物2的相对构型由二维核磁实验确定，核奥弗豪泽效应数据显示：H-4、H-6和H-10相关确定了对应C—5、C—6和C—10构型，由此可以得出化合物2的相对构型。

化合物 3：无色晶体；结合 ^{13}C 核磁共振波谱和无畸变极化转移技术谱，由高分辨质谱 HR-ESI-MS ($[M + Na]^+$ m/z 473.3607；calc. 473.3607)，确定其分子式为 $C_{28}H_{50}O_4$。基于异核单量子相关谱、异核多键相关谱和同核质子位移相关谱 (表 4–3)，可以推断化合物 3 的结构是一个含有多个双键、多个羟基和多个甲基取代基的直链聚酮类化合物。结合 ^1H- 核磁共振波谱、同核质子位移相关谱和异核多键相关谱，可以推断出化合物 3 的平面结构 (图 4–2)。

表 4–3　化合物 3 的核磁数据 (CD_3OD)

位置	δ_H	δ_C	异核多键相关谱 (H → C)
1	1.08，t，(7.3)	9.4，q	C—2，C—3
2	2.79，m	31.3，t	C—1，C—3
3	–	205.1，s	–
4	–	137.7，s	–
5	6.72，dd，(1.1，9.4)	148.2，d	C—3，C—4，C—6，C—7，C—21，C—22
6	2.82，m	38.4，d	C—4，C—5，C—7，C—22
7	3.86，d，8.6	83.8，d	C—5，C—6，C—8，C—9，C—22，C—23
8	–	137.6，s	–
9	5.33，d，(1.4)	133.9，d	C—10，C—11，C—23，C—24
10	2.68，m	37.1，d	–
11	3.72，d，(8.6)	84.1，d	C—10，C—12，C—13，C—24，C—25
12	–	137.4，s	–
13	5.34，d，(1.5)	133.5，d	C—14，C—16，C—25
14	2.68，m	37.0，d	–
15	3.21，dd，(3.4，7.9)	79.0，d	C—13，C—14，C—16，C—17，C—26，C—27
16	1.47，m，overlap	32.8，d	C—15，C—17，C—18
17	1.47，m，overlap 1.04，m	42.7，t	overlap C—15，C—16，C—19，C—27，C—28
18	1.79，m	33.2，d	C—17
19	1.43，m 1.14，m	30.6，t	C—17，C—18，C—20，C—28 C—17，C—18，C—20，C—28

续表

位置	δ_H	δ_C	异核多键相关谱（H→C）
20	0.94，m，overlap	11.5，q	overlap
21	1.84，d，（1.3）	12.0，q	C—3，C—4，C—5
22	0.92，m，overlap	17.97，q	overlap
23	1.712，d，（1.2）	11.9，q	C—7，C—8，C—9
24	0.85，d，（6.8）	18.01，q	C—9，C—10，C—11
25	1.710，d，（1.2）	11.9，q	C—11，C—12，C—13
26	0.91，m，overlap	17.0，q	overlap
27	0.92，m，overlap	14.1，q	overlap
28	0.88，m，overlap	20.2，q	–

化合物 3 的相对构型由 ROESY 实验确定，核奥弗豪泽效应数据显示：H-22 与 H-7 相关；H-24 与 H-11 相关。最后，通过晶体衍射 Cu 靶，Flack 参数 -0.05（14）下，确定化合物 3 的绝对构型为 4*E*、6*S*、7*S*、8*E*、10*S*、11*S*、12*E*、14*S*、15*R*、16*S* 和 18*S*，最后将其命名为 pestalpolyol A。

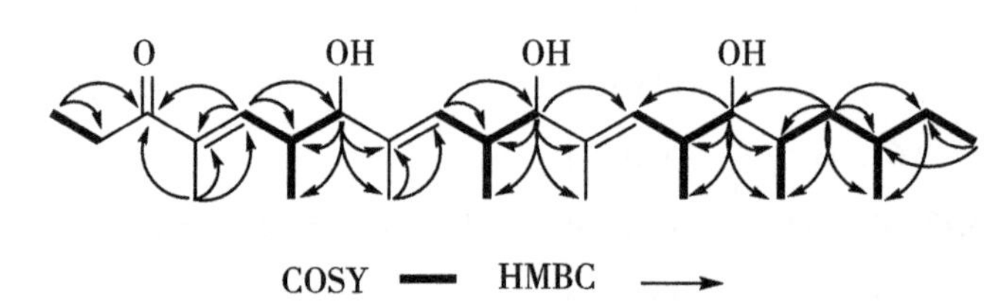

图 4-2　化合物 3 的同核质子位移相关谱和关键的异核多键相关谱相关

化合物 4：无色无定形粉末；结合 ^{13}C 核磁共振波谱和无畸变极化转移技术谱，由高分辨质谱 HR-ESI-MS（429.2975），确定其分子式为 $C_{25}H_{42}O_4$，从异核多键相关谱和同核质子位移相关谱（表 4–4）上可以看出，化合物 4 除了比化合物 3 少了 3 个碳外，其骨架与化合物 3 非常相似。根据 2D 核磁共振波谱数据，可以推导出化合物的平面结构。

化合物 4 的相对构型由 ROESY 实验确定，核奥弗豪泽效应数据显示：H-20 与 H-7 相关，H-7 与 H-9 相关，H-9 与 H-11 相关，H-22 与 H-11 相关，H-11 与 H-13 相关，H-13 与 H-15 相关，H-15 与 H-24 相关。由于化合物 4 与化合物3的核磁数据非常相似，因此，从生源角度推断出化合物4的绝对构型为4*E*、6*S*、7*S*、8*E*、10*S*、11*S*、12*E*、14*S*、15*S*和16*E*，最后将其命名为pestalpolyol B。

表4-4 化合物4的核磁数据（C_5D_5N）

位置	δ_H	δ_C	异核多键相关谱（H→C）
1	1.09，t，（6.0）	9.5，q	C—2，C—3
2	2.73，q，（7.2）	30.9，t	C—1，C—3
3	–	202.5，s	–
4	–	136.9，s	–
5	6.98，d，（9.4）	147.4，d	C—3，C—6，C—7，C—19，C—20
6	3.07，m	38.7，d	C—4，C—5，C—7，C—20
7	4.25，d，（7.7）	82.5，d	C—5，C—6，C—8，C—9，C—19，C—20
8	–	137.5，s	–
9	5.88，d，（9.3）	132.7，d	C—7，C—10，C—21，C—22
10	2.99，m	37.13，d	C—8，C—9，C—11，C—22
11	4.22，d，（7.3）	82.4，d	C—10，C—12，C—13，C—22，C—23
12	–	138.4，s	–
13	5.82，d，（9.1）	131.7，d	C—11，C—14，C—23，C—24
14	2.92，m	37.06，d	C—12，C—13，C—15，C—24
15	4.02，d，（8.4）	83.1，d	C—13，C—14，C—16，C—17，C—24，C—25
16	–	138.9，s	–
17	5.58，q，（6.6）	121.8，d	C—15，C—18，C—25
18	1.60，d，（6.6）	13.6，q	C—16，C—17
19	2.04，s	12.4，q	C—3，C—4,C—5
20	1.09，t，（6.0）	17.6，q	C—5，C—6，C—7
21	1.94，s	13.0，q	C—7，C—8，C—9
22	1.14，d，（6.7）	18.9，q	C—9，C—10，C—11
23	1.93，s	12.5，q	C—11，C—12，C—13
24	1.00，d，（6.7）	18.6，q	C—13，C—14，C—15
25	1.78，s	11.7，q	C—15，C—16，C—17

化合物 5：无色无定形粉末；结合 ^{13}C 核磁共振波谱和无畸变极化转移技术谱，由高分辨质谱 HR-ESI-MS（$[M+Na]^+$，557.4189），确定其分子式为 $C_{33}H_{58}O_5$，从异核多键相关谱和同核质子位移相关谱（表 4–5）上可以看出，化合物 4 除了比化合物 3 多了 5 个碳和末端的 CH_3C=O 基团不同之外，其骨架与化合物 3 非常相似。

化合物 5 的相对构型由 ROESY 实验确定，核奥弗豪泽效应数据显示：H-26 与 H-7 相关，H-7 与 H-9 相关，H-9 与 H-11 相关，H-11 与 H-28 相关，H-11 与 H-13 相关，H-13 与 H-15 相关，H-15 与 H-30 相关，H-15 与 H-17 相关，H-17 与 H-19 相关，H-19 与 H-18 相关，H-19 与 H-20 相关，H-20 与 H-22 相关。通过对化合物 3 与化合物 5 的核磁数据进行比较，并由生源角度进行推断，可以得出化合物 5 的绝对构型为 4*E*、6*S*、7*S*、8*E*、10*S*、11*S*、12*E*、14*S*、15*S*、16*E*、18*R*、19*R*、20*S* 和 22*S*，最后将其命名为 pestalpolyol C。

表 4–5　化合物 5 的核磁数据（CD_3OD）

位置	δ_H	δ_C	异核多键相关谱（H → C）
1	–	–	–
2	2.35，s	26.0，q	C—3，C—4，C—5
3	–	200.0，s	–
4	–	137.4，s	–
5	6.98，d,（9.4）	148.9，d	C—3，C—6，C—7，C—25，C—26
6	3.06，m	38.8，d	C—4，C—5，C—7，C—26
7	4.22，d,（7.8）	82.4，d	C—5，C—6，C—8，C—9，C—27，C—28
8	–	138.3，s	–
9	5.83，m	132.8，d	C—10，C—11，C—27，C—28
10	2.97，m	37.1，d	C—9，C—11，C—12，C—28
11	4.15，d,（7.7）	82.9，d	overlap
12	–	137.9，s	–
13	5.80，m	131.9，d	C—14，C—29，C—30
14	2.97，m	36.7，d	C—12，C—13，C—15，C—30
15	4.15，d,（7.7）	82.6，d	overlap

续表

位置	δ_H	δ_C	异核多键相关谱（H→C）
16	–	137.6，s	–
17	5.85，m	131.8，d	C—18，C—19，C—31，C—32
18	2.88，m	36.7，d	C—16，C—17，C—19，C—32
19	3.49，dd，（7.4，3.4）	77.9，d	C—17，C—21，C—32，C—33
20	1.91，m	33.1，d	–
21	1.68，dt，（13.5，6.9） 1.17，dd，（13.5，6.9）	42.5，t	C—19，C—20，C—23，C—33，C—34 C—19，C—20，C—23，C—33，C—34
22	1.55，td，（13.6，6.8）	32.1，d	C—21，C—23，C—34，C—24
23	1.41，dq，（12.0，7.2） 1.07，m	30.0，t	C—21，C—22，C—34，C—24 –
24	0.85，t，（7.4）	12.3，q	C—22，C—23
25	2.03，s	12.2，q	C—3，C—4，C—5
26	1.06，d，（7.1）	17.5，q	C—5，C—6，C—7
27	1.93，s	12.9，q	overlap
28	1.08，m	18.7，q	overlap
29	1.93，s	12.6，q	overlap
30	1.08，m	18.7，q	overlap
31	1.89，s	12.4，q	C—15，C—16，C—17
32	1.08，m	18.6，q	overlap
33	1.13，d，（6.7）	14.8，q	C—19，C—20，C—21
34	0.89，d，（6.4）	20.3，q	C—21，C—22，C—23

化合物 6：无色无定形粉末；结合 ^{13}C 核磁共振波谱和无畸变极化转移技术谱，由高分辨质谱 HR-ESI-MS（$[M+Na]^+$，571.4344），确定其分子式为 $C_{34}H_{60}O_5$，从异核多键相关谱和同核质子位移相关谱上可以看出（表 4-6），化合物 6 除了比化合物 5 多了 1 个碳在末端的 $CH_3CH_2C=O$ 基团上之外，其骨架与化合物 5 完全一样。结合 2D- 核磁共振波谱数据，可以推导出化合物 6 的平面结构。

表 4-6　化合物 6 的核磁数据（CD_3OD）

位置	δ_H	δ_C	异核多键相关谱（H→C）
1	1.09，m	9.5，q	C—2，C—3
2	2.73，m	30.9，t	C—1，C—3
3	–	202.5，s	–
4	–	136.9，s	–
5	6.97，d，（9.4）	147.4，d	C—3，C—7，C—25，C—26
6	3.07，m	38.7，d	C—4，C—5，C—7，C—26
7	4.25，d，（7.8）	82.5，d	C—5，C—6，C—8，C—9，C—27，C—28
8	–	137.5，s	–
9	5.83，m	132.7，d	C—10，C—11，C—27，C—28
10	2.99，m	37.13，d	C—9，C—12，C—28
11	4.16，d，（7.6）	82.4，d	overlap
12	–	138.4，s	–
13	5.87，m	131.7，d	C—14，C—29，C—30
14	2.92，m	37.06，d	C—12，C—16，C—30
15	4.16，d，（7.6）	82.8，d	overlap
16	–	138.9，s	–
17	5.87，m	131.8，d	C—18，C—31，C—32
18	2.86，m	36.86，d	C—16，C—17，C—19，C—32
19	3.49，dd，（7.1，3.4）	78.0，d	C—17，C—32，C—33
20	1.90，m	33.2，d	overlap
21	1.68，dt，（13.5，6.9）	42.5，t	C—19，C—20，C—23，C—33，C—34
	1.16，m		C—23，C—33，C—34
22	1.56，m	32.1，d	C—21，C—23，C—24，C—34
23	1.41，m	30.0，t	C—24，C—34
	1.09，m		overlap
24	0.87，t，（7.4）	12.0，q	C—22，C—23
25	2.04，s	12.5，q	C—3，C—4，C—5
26	1.07，m	17.6，q	overlap
27	1.94，s	12.9，q	overlap

续表

位置	δ_H	δ_C	异核多键相关谱（H→C）
28	1.13，m	18.9，q	overlap
29	1.93，s	12.5，q	overlap
30	1.12，m	18.6，q	overlap
31	1.90，s	11.7，q	C—15，C—16，C—17
32	1.07，m	18.77，q	overlap
33	1.11，m	14.8，q	C—19，C—20，C—21
34	0.87，d，6.4	20.3，q	C—21，C—22，C—23

通过对化合物 3 与化合物 6 的核磁数据进行比较，并由生源角度推断，可以得出化合物 6 的绝对构型为 4*E*、6*S*、7*S*、8*E*、10*S*、11*S*、12*E*、14*S*、15*S*、16*E*、18*R*、19*R*、20*S* 和 22*S*，最后将其命名为 pestalpolyol D。

（2）菌株 cr014 化合物结构解析

化合物 7：褐色油状，结合 ^{13}C 核磁共振波谱和无畸变极化转移技术谱，高分辨质谱 HR-ESI-MS（$[M-H]^-$ *m/z* 349.1658）确定其分子式为 $C_{19}H_{26}O_6$，从 ^{13}C 核磁共振波谱和无畸变极化转移技术谱（表 4–7）上可以看出化合物 7 中含有 6 个季碳信号（δ_C 197.1、δ_C171.4、δ_C151.4、δ_C133.0、δ_C130.3 和 δ_C64.6），5 个次甲基（δ_C143.3、δ_C136.1、δ_C127.3、δ_C66.4 和 δ_C59.2），6 个亚甲基（δ_C 55.1、δ_C35.2、δ_C32.8、δ_C31.0、δ_C29.8 和 δ_C23.7）和 2 个甲基（δ_C14.5 和 δ_C13.0）。

根据 ^1H 核磁共振波谱（表 4–8）数据显示：由于具有一个单峰甲基（δ_H 1.89,s）和一个三重峰甲基（δ_H 0.94, t, J = 7.0Hz），表明化合物 7 的平面结构与 ambuic acid 的类似物相似（图 4–3）。由同核质子位移相关谱（图 4–4）中的数据可以看出该化合物的关键相关点（H-3/H-4; H-11/H-12/H-13/H-14/H-15/H-16/H-17），由此可以推导出该化合物具有 -C-3-C-4- 和 -C-11–C-12–C-13-C-14-C-15–C-16–C-17- 2 个片段。该化合物详细的结构由 2D 核磁共振波谱确定，根据异核多键相关谱上的数据（图 4–4）显示：3 位烯基的质子 δ_H 6.84（H-3）与 δ_C171.2（C—1）、δ_C133.0（C—2）、δ_C31.0（C—4）、δ_C64.6（C—5）和 δ_C13.0（C—18）相关，18 位甲基上的质子 δ_H 1.89（H-18）与 δ_C 171.2（C—1）、δ_C133.0（C—2）和 δ_C136.1（C—3）相关；4 位亚甲基上的质子 δ_H3.18 和

δ_H2.74（H-4）与 δ_C 133.0（C—2）、δ_C136.1（C—3）、δ_C64.6（C—5）和 δ_C59.2（C—10）相关；6 位的质子 δ_H 4.85（H-6）与 δ_C 151.4（C—7）、δ_C130.3（C—8）、δ_C127.3（C—11）和 δ_C31.3（C—4）相关；19 位的质子 δ_H 4.49 和 δ_H4.28（H-19）与 δ_C197.1（C—9）、δ_C151.4（C—7）和 δ_C130.3（C—4）相关。通过结合其他相关点，可以推断出该化合物的平面结构。

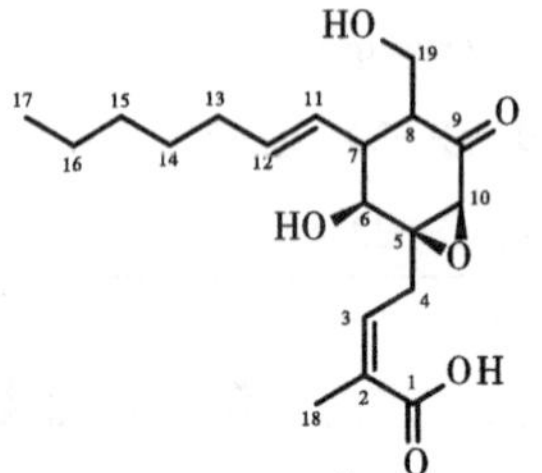

7

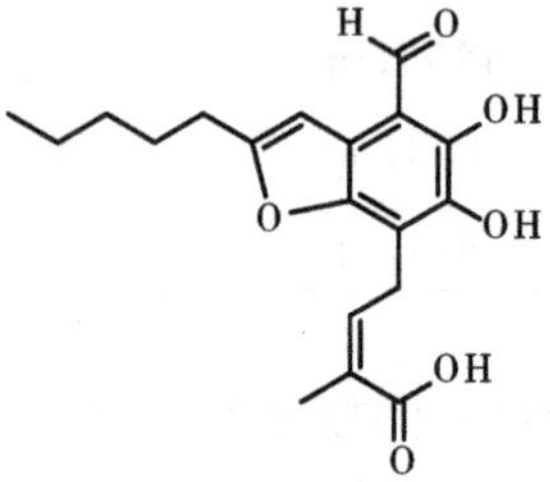

8

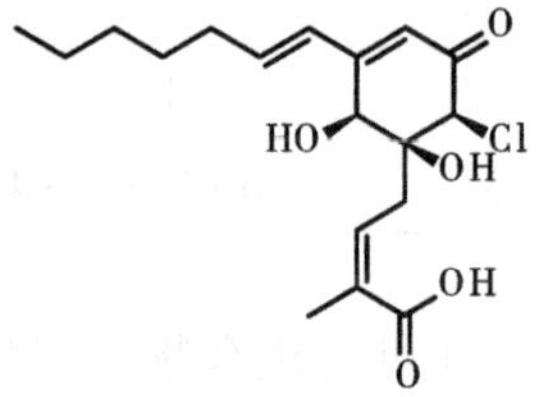

9

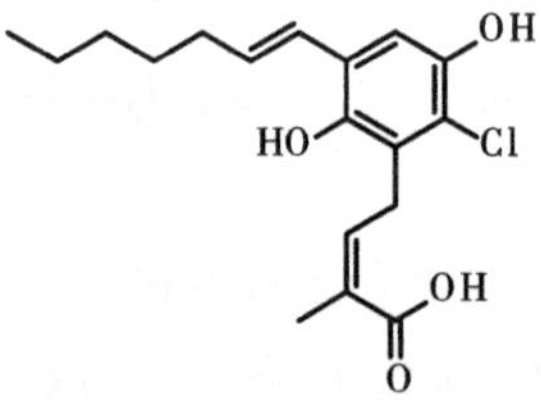

10

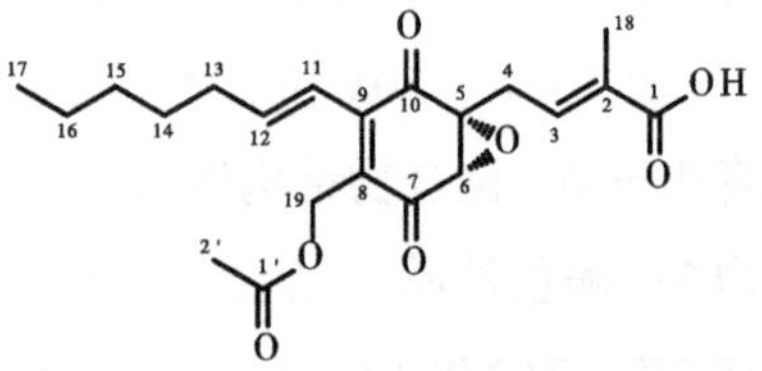

11

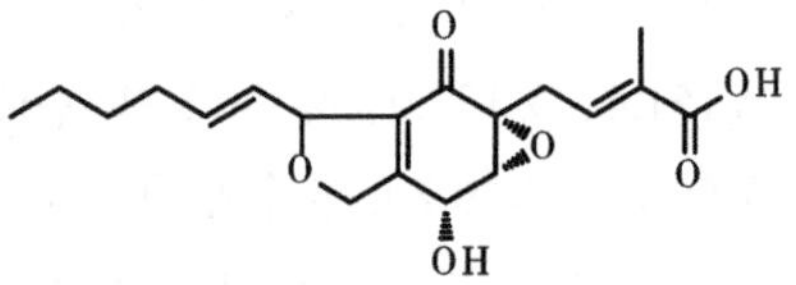

12

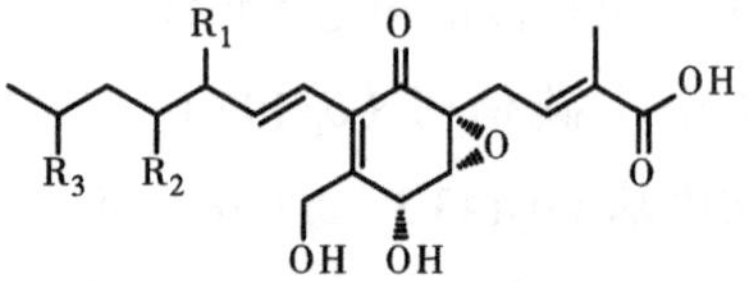

13：R_1=OH；R_2=H；R_3=H
14：R_1=H；R_2=OH；R_3=H
15：R_1=H；R_2=H；R_3=OH
16：R_1=H；R_2=H；R_3=H

图 4-3　拟盘多毛孢菌株 cr014 化合物结构

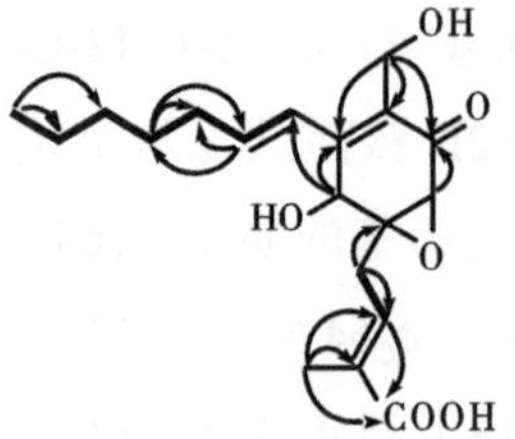

7

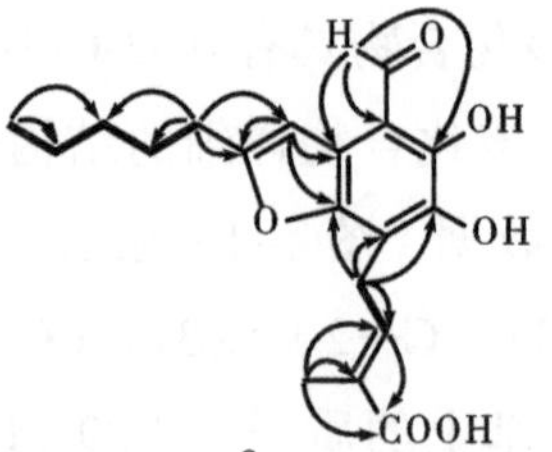

8

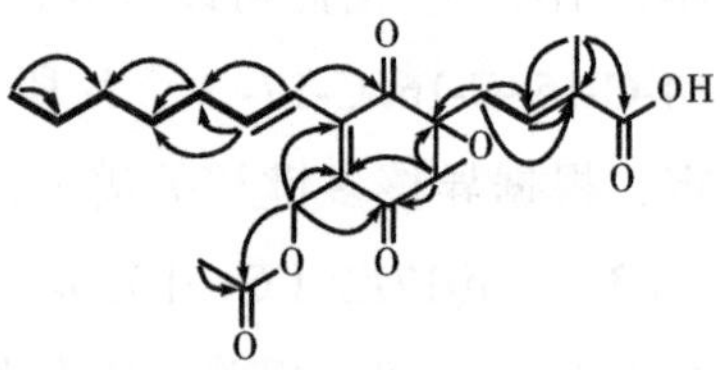

11

图 4-4　化合物 7、8 和 11 的氢氢相关和碳氢相关

化合物 7 的相对构型由二维核磁实验确定，核奥弗豪泽效应数据显示：H-4、H-6 和 H-10 相关确定了对应 C—5、C—6 和 C—10 构型，并且从 ^{1}H 核磁共振波谱计算出 H-11 和 H-12 的耦合常数为 15.9Hz，揭示了位于 C—11 的双键是 *E* 构型（图 4–3），由此得出了化合物 7 的相对构型，并将其命名为 pestalotic acid A。

化合物 8：褐色油状，结合 ^{13}C 核磁共振波谱和无畸变极化转移技术谱，高分辨质谱 HR-ESI-MS（$[M-H]^-$ *m/z* 349.1658; calc. 345.1338）确定其分子式为 $C_{19}H_{22}O_6$，从 ^{13}C 核磁共振波谱和无畸变极化转移技术谱（表 4–7）上可以看出化合物 8 中含有 9 个季碳信号（δ_C169.1、δ_C162.1、δ_C148.5、δ_C148.1、δ_C140.8、δ_C129.7、δ_C122.6、δ_C119.2 和 δ_C100.7），3 个次甲基（δ_C 195.0、δ_C138.5 和 δ_C100.4），5 个亚甲基（δ_C 32.1、δ_C29.1、δ_C28.2、δ_C24.9 和 δ_C23.1）和 2 个甲基（δ_C 14.3 和 δ_C12.7）。

表 4–7　化合物 7–15 的碳谱数据

位置	7	8	9	10	11	12	13	14	15
1	171.4	169.1	171.8	172.0	171.1	171.2	171.2	171.2	172.0
2	133.0	129.7	132.0	129.1	132.8	132.0	131.9	131.8	132.7
3	136.1	138.5	137.6	141.3	135.5	136.3	136.6	136.6	135.6
4	31.0	24.9	36.9	28.8	28.0	28.3	28.75	28.8	28.7
5	64.6	119.2	79.7	128.6	62.7	62.3	61.3	61.3	61.2
6	66.4	148.1	69.9	146.3	59.7	61.6	61.1	61.1	61.0
7	151.4	122.6	156.1	127.9	193.3	64.5	65.9	65.9	65.8
8	130.3	110.7	124.5	112.0	144.6	157.0	151.7	151.1	150.8
9	197.1	148.5	193.0	148.3	134.2	132.0	131.3	131.9	131.9
10	59.2	140.8	70.0	121.1	194.8	190.2	195.8	196.0	196.1
11	127.3	100.4	130.5	125.4	122.6	86.8	122.2	124.9	123.0
12	143.3	162.1	143.0	133.2	148.0	129.4	142.0	136.5	139.9
13	35.2	29.1	34.7	34.6	35.5	134.2	73.5	42.6	34.5
14	29.8	28.2	29.7	30.5	29.6	32.9	38.0	71.8	26.4
15	32.8	32.1	32.8	32.9	32.7	32.3	28.79	40.2	39.6
16	23.7	23.1	23.7	23.8	23.7	23.1	23.7	19.9	68.4

续表

位置	7	8	9	10	11	12	13	14	15
17	14.5	14.3	14.5	14.6	14.5	14.3	14.4	14.5	23.5
18	13.0	12.7	13.2	12.9	13.0	12.8	12.8	12.8	13.0
19	55.1	195.0	–	–	58.7	75.1	60.1	60.3	60.3
1'	–	–	–	–	172.2	–	–	–	–
2'	–	–	–	–	20.7	–	–	–	–

由 ^{1}H 核磁共振波谱、^{13}C 核磁共振波谱和无畸变极化转移技术谱（表4–7、4-8）数据可以看出化合物 8 是 ambuic acid 的类似物（图 4–3），区别在于 ambuic acid 中的六元环在该化合物中变为了苯环。由同核质子位移相关谱（图 4–4）中的数据可以看出该化合物的关键相关点（H-3/H-4; H-13/H-14/H-15/H-16/H-17），由此可以推导出该化合物具有 -C-3-C-4- 和 –C-13-C-14-C-15–C-16–C-17- 2 个片段。该化合物的细微结构由 2D 核磁共振波谱确定，根据异核多键相关谱的数据可以看出苯环上连接有 3 个羟基、1 个醛基和 1 个异戊烯基基团；3 位烯基的质子 δ_H 6.96（H-3）与 δ_C169.1（C—1）、δ_C129.7（C—2）、δ_C24.9（C—4）、δ_C119.2（C—5）（w） 和 δ_C12.7（C—18） 相 关，18 位甲基上的质子 δ_H 2.06（H-18）与 δ_C 169.1（C—1）、δ_C129.7（C—2）和 δ_C138.5.0（C—3）相关；4 位亚甲基上的质子 δ_H 3.87（H-4）与 δ_C 169.1（C—1）、δ_C129.7（C—2）、δ_C138.5（C—3）、δ_C 119.2（C—5）、δ_C148.1（C—6）和 δ_C140.8（C—10）相关；11 位烯基的质子 δ_H 6.97（H-11）与 δ_C 148.1（C—6）、δ_C122.6（C—7）、δ_C162.6（12）和 δ_C29.1（C—13）相关；13 位的质子 δ_H 4.85（H-13）与 δ_C 100.4（C—11）、δ_C162.1（C—12）、δ_C28.2（C—14）和 δ_C32.1（C—15）相关；19 位醛基上的质子 δ_H 10.34（H-19）与 δ_C148.1（C—6）、δ_C122.6（C—7）、δ_C110.7（C—8）、δ_C148.5（C—9） 和 δ_C140.8（C—10）相关。

最后用化合物的总不饱和度除了双键、两个酮基以及苯环的不饱和度外，还有一个不饱和度，暗示了还有一个额外的环状结构在该化合物的骨架上：该环是 C—6 和 C—12 通过氧桥连接形成的。基于上述数据可以推断出化合物 8 的结构，最后将其命名为 pestalotic acid B。

化合物 9：褐色油状，结合 ^{13}C 核磁共振波谱和无畸变极化转移技术谱，高分辨质谱 HR-ESI-MS（$[M+Na]^+$ m/z 379.1284）确定其分子式为 $C_{18}H_{25}{}^{35}ClO_5$，并从化合物 8 的 ESI-MS 的实验数据中可以观察到化合物 9 的分子量中有一个为 m/z 381 $[M+2+Na]^+$ 同位素峰，其丰度为另一个同位素峰 m/z 379 $[M+Na]^+$ 的 1/3，因此可以判定化合物 9 中含有一个 Cl 原子取代基。

化合物 9 在异核多键相关谱和同核质子位移相关谱上的关键相关点和化合物 7（图 4–4）的几乎一样，除了化合物 9 中少了一个化学位移为 δ_C 55.1 的碳，以及在六元环上多了一个 Cl 原子取代基。在化合物 9 中，3 位的质子 δ_H 4.43（H-3） 与 δ_C156.1（C—7）、δ_C130.5（C—11）、δ_C124.5（C—8）、δ_C79.7（C—5）、δ_C70.0（C—10）和 δ_C36.9（C—4）相关，18 位烯基上的质子 δ_H 5.97（H-18）与 δ_C156.1（C—7）、δ_C130.5（C—11）、δ_C70.0（C—10）和 δ_C69.9（C—6）相关；10 位次甲基上的质子 δ_H 5.02（H-10）与 δ_C193.0（C—9）和 δ_C79.7（C—5）相关。为了确定 Cl 原子取代基的位置，测定了化合物 9 在氘代丙酮中的核磁数据。结果显示：一个羟基信号（δ_H 5.19）位于 C—6 上，另一个羟基信号（δ_H 4.69）位于 C—5 上，并且羟基质子 δ_H 5.19 与 C—7、C—5 和 C—6 相关，羟基质子 δ_H 4.69 与 C—4、C—5、C—6 和 C—10 相关。

由二维核磁实验结果可以看出：H-4 与 H-6、H-10 相关确定了对应 C—5、C—6 和 C—10 构型，并且从 ^1H- 核磁共振波谱计算出 H-11 和 H-12 的耦合常数为 15.3 Hz，揭示了位于 C—11 的双键是 *E* 构型（图 4–3）。基于上述实验结果，由此得出了化合物 9 的相对构型，并将其命名为 pestalotic acid C。

化合物 10：褐色油状，结合 ^{13}C 核磁共振波谱和无畸变极化转移技术谱，高分辨质谱 HR-EI-MS（$[M]^+$m/z 338.1285）确定其分子式为 $C_{18}H_{23}{}^{35}ClO_4$，化合物 10 的与化合物 9 的不同之处在于化合物 9 中的六元环在化合物 10 中变为了苯环（图 4–3）。

基于以下的异核多键相关谱的相关数据，可以看出化合物 10 中的 2 个羟基和 1 个 Cl 原子取代基分别位于 C—6、C—9 和 C—10 上：3 位烯基上的质子 δ_H6.72（H-3）与 δ_C172.0（C—1）、δ_C128.6（w）（C—5）、δ_C28.8（C—4）和 δ_C12.9（C—18）相关，4 位的质子 δ_H 3.70（H-4）与 δ_C172.0（w）（C—1）、δ_C146.3（C—6）、δ_C141.3（C—3）、δ_C129.1（C—2）、δ_C128.6（C—5）和 δ_C121.1（C—10）相关；8 位芳环上的质子 δ_H 6.88（H-8）与 δ_C 148.3（C—9）、

δ_C146.3（C—6）、δ_C125.4（C—11）和 δ_C121.1（C—10）相关；11 位烯基上的质子 δ_H6.64（H-11）与 δ_C146.3（C—6）、δ_C127.9（C—7）、δ_C112.0（C—9）和 δ_C34.6（C—13）相关。

从 ^{1}H- 核磁共振波谱计算出 H-11 和 H-12 的耦合常数为 15.6Hz，揭示了位于 C—11 的双键是 *E* 构型（图 4–3），基于上述实验结果，由此得出了化合物 10 的相对构型，并将其命名为 pestalotic acid D。

化合物 11：褐色油状，结合 ^{13}C 核磁共振波谱和无畸变极化转移技术谱，高分辨质谱 HR-ESI-MS（$[M + H]^+$m/z 413.2665；calc. 413.2668）确定其分子式为 $C_{21}H_{26}O_7$，根据 ^{1}H-、^{13}C—核磁共振波谱和无畸变极化转移技术谱（表 4–7、表 4-8）数据可以判断出化合物 11 是 ambuic acid 的类似物。

通过与 ambuic acid（化合物 16）进行比较后发现，6 位甲基上的质子 δ_H 3.82（H-6）与 δ_C193.3（C—7）、δ_C134.2（C—9）和 δ_C62.7（C—5）相关，19 位含氧亚甲基的质子 δ_H 4.79 和 5.08（H-19）与 δ_C 193.3（C—7）、δ_C172.2（C—1）、δ_C144.6（C—8）和 δ_C134.2（C—9）相关，以上的相关说明了 9-OH 被氧化为酮基，一个乙酰基与 19-OH 相连接。

由二维核磁实验结果可以看出：H-4 和 H-10 相关确定了对应 C—5 和 C—10 构型，并且从 ^{1}H- 核磁共振波谱计算出 H-11 和 H-12 的耦合常数为 15.8Hz，揭示了位于 C—11 的双键是 *E* 构型（图 4–3）。基于上述实验结果，由此得出了化合物 11 的相对构型，并将其命名为 pestalotic acid E。

化合物 12：褐色油状，结合 ^{13}C 核磁共振波谱和无畸变极化转移技术谱，高分辨质谱 HR-ESI-MS（$[M + H]^+$m/z 371.1464；calc. 371.1471）确定其分子式为 $C_{19}H_{24}O_6$，根据 ^{1}H- 谱、^{13}C—谱和无畸变极化转移技术谱（表 4–7、表 4-8）数据可以判断出化合物 12 是 ambuic acid 的类似物。

通过与 ambuic acid（化合物 16）进行比较后发现，由异核多键相关谱的相关发现一个位于 C—11/C—12 的双键移动到了 C—12/C—13，而 C—11 上则通过氧桥连接上了一个亚甲基（C—19）：19 位亚甲基上的质子 δ_H4.79（H-19）与 δ_C 190.2（C—10）、δ_C157.0（C—8）、δ_C132.0（C—9）、δ_C129.4（C—12）和 δ_C86.8（C—11）相关，11 位含氧次甲基的质子 δ_H 5.29（H-11）与 δ_C 157.0（C—8）、δ_C134.2（C—13）相关。

由二维核磁实验结果可以看出：H-4 与 H-6、H-10 相关确定了对应 C—5、

表 4-8　化合物 7-15 的氢谱数据

位置	7	8	9	10	11	12	13	14	15
3	6.84，td（7.5，1.3）	6.96，td（7.7，1.4）	7.08，td（7.7，1.3）	6.72，td（7.1，1.1）	6.71，td（7.2，1.32）	6.70，m	6.72，td（7.2，1.1）	6.72，t（7.2）	6.67，td（7.9，1.4）
4	3.18，dd（15.6，7.5）	3.87，d（7.7）	2.93，dd（14.9，7.8）	3.70，d（7.2）	3.04，dd（7.0，15.9）	2.91，dd（15.7，8.0）	2.81，m	2.86，m	2.85，dd（7.9，15.6）
	2.74，dd（15.6，7.5）		2.86，dd（15.8，6.0）		2.91，dd（7.7，15.8）	2.70，ddd（15.7，6.9，0.9）			2.76，dd（7.9，15.6）
6	4.85，s	–	4.43，s	–	–	–	–	–	–
8	–	–	5.97，s	6.88，s	–	–	–		–
9	–	–	–	–	–	4.87，m	4.84，s	4.83，brs	4.83，s
10	3.37，d（0.8）	–	5.02，s	–	3.82，s	3.72，d（3.0）	3.78，d（2.8）	3.77，d（2.8）	3.77，d（2.8）
11	6.68，d，（15.7）	6.97，s	6.28，d（15.3）	6.64，d（15.6）	6.40，d（15.8）	5.29，m	6.35，d（16.0）	6.23，d（15.9）	6.18，d（15.5）
12	6.56，dt（15.7，7.0）		6.51，dt（15.3，7.1）	6.15，dt（15.6，7.0）	6.57，dt（15.8，7.0）	5.52，ddt（18.3，9.6，1.0）	5.92，dd（6.3，16.0）	5.94，m	5.89，dt（15.5，6.9）
13	2.31，dd，（14.8，7.8）	2.84，t（7.5）	2.28，q（7.1）	2.25，td（8.1，1.2）	2.28，q（7.3）	5.79，dtd（18.3，8.3，1.0）	4.14，q（6.2）	2.35，m	2.20，m

续表

位置	7	8	9	10	11	12	13	14	15
14	1.54，dt，（14.6，7.3）	1.80，m	1.53，m	1.52，m	1.51，m	2.06，dt（8.1，8.3）	1.58，m	3.67，m	1.50，m; 1.59，m
15	1.37，m	1.41，m	1.37，m	1.39，m	1.38，m	1.40，m	1.43，m	1.52，m	1.50，m
16	1.37，m	1.38，m	1.37，m	1.39，m	1.38，m	1.40，m	1.43，m	1.52,m;1.43，m	3.75，dt，（5.7，6.1）
17	0.94，t，（7.0）	0.92，t（7.1）	0.93，t（7.0）	0.94，t（6.9）	0.93，t（6.8）	0.92，t（7.2）	0.94，t（7.0）	0.95，t（6.7）	1.16，d（6.1）
18	1.89，s	2.06（overlap）	1.91，s	1.98，s	1.89，s	1.86，s	1.87，s	1.86，s	1.87，s
19	4.49，d，（11.7） 4.28，d，（11.7）	10.34，s	–	–	5.08，d（11.8） 4.79，d（11.8）	4.87，m 4.79，m	4.57，d（12.9） 4.44，d（13.0）	4.56，d（13.0） 4.43，d（13.0）	4.54，d（12.9） 4.42，d（12.9）
2’					2.03，s				

C—6与C—10构型，并且从 ^{1}H-核磁共振波谱计算出H-12和H-13的耦合常数为18.3Hz，揭示了位于C—12的双键是 *E* 构型（图4–3）。基于上述实验结果，由此得出了化合物12的相对构型，并将其命名为pestalotic acid F。

化合物13：褐色油状，结合 ^{13}C谱和无畸变极化转移技术谱，高分辨质谱HR-ESI-MS（$[M + H]^{+}$m/z 389.1575；calc. 389.1576）确定其分子式为 $C_{19}H_{26}O_{7}$。

通过与ambuic acid（化合物16）进行比较后，并通过异核多键相关谱发现，C—13被氧化，连了一个羟基位于C—13上：12位烯基上的质子 δ_{H}5.92（H-12）与 δ_{C}131.3（C—9）、δ_{C}122.2（C—11）、δ_{C}73.5（C—13）和 δ_{C}38.0（C—14）相关，13位含氧次甲基的质子 δ_{H}4.14（H-13）与 δ_{C}142.0（C—12）、δ_{C}122.2（C—13）、δ_{C}38.0（C—14）和 δ_{C}28.79（C—15）相关。

由二维核磁实验结果可以看出：H-4与H-6和H-10相关确定了对应C—5、C—6与C—10构型，并且从 ^{1}H-核磁共振波谱计算出H-12和H-13的耦合常数为16.0Hz，揭示了位于C—12的双键是 *E* 构型（图4–3），基于上述实验结果，由此得出了化合物13的相对构型，并将其命名为pestalotic acid G。

化合物14：褐色油状，结合 ^{13}C谱和无畸变极化转移技术谱，高分辨质谱HR-ESI-MS（$[M + H]^{+}$m/z 389.1573；calc. 389.1576）确定其分子式为 $C_{19}H_{26}O_{7}$。

通过与ambuic acid（化合物16）进行比较后，并通过异核多键相关谱发现，C—14被氧化，并且一个羟基位于C—14上：11位烯基上的质子 δ_{H}6.23（H-11）与 δ_{C}196.0（C—10）、δ_{C}151.1（C—8）、δ_{C}136.5（C—12）、δ_{C}131.9（C—9）、δ_{C}71.8（C—14）和 δ_{C}42.6（C—13）相关；13位亚甲基上的质子 δ_{H}2.35（H-13）与 δ_{C}136.5（C—12）、δ_{C}124.9（C—11）、δ_{C}71.8（C—14）和 δ_{C}40.0（C—15）相关；14位含氧次甲基上的质子 δ_{H}3.67（H-14）与 δ_{C}136.5（C—12）、δ_{C}40.2（C—15）和 δ_{C}19.9（C—16）相关。

由二维核磁实验结果可以看出：H-4与H-6、H-10相关确定了对应C—5、C—6与C—10构型，并且从 ^{1}H-核磁共振波谱计算出H-11和H-12的耦合常数为15.9 Hz，揭示了位于C—11的双键是 *E* 构型（图4–3）。基于上述实验结果，由此得出了化合物14的相对构型，并将其命名为pestalotic acid H。

化合物15：褐色油状，结合 ^{13}C谱和无畸变极化转移技术谱，高分辨质谱 HR-ESI-MS（$[M + H]^+$m/z 389.1573; calc. 389.1576）确定其分子式为 $C_{19}H_{26}O_7$。

通过与 ambuic acid（化合物 16）进行比较后，并通过异核多键相关谱（HMBC）发现，C—16 被氧化，并且一个羟基位于 C—16 上：17 位甲基上的质子 δ_H 1.16（H–17）与 δ_C68.4（C—16）和 δ_C39.6（C—15）相关；16 位含氧次甲基上的质子 δ_H 3.75（H–16）与 δ_C 39.6（C—15）、δ_C26.4（C—14）和 δ_C23.5（C—17）相关。

由二维核磁实验结果可以看出：H-4 与 H-6、H-10 相关确定了对应 C—5、C—6 与 C—10 构型，并且从 ^{1}H- 核磁共振波谱计算出 H-11 和 H-12 的耦合常数为 15.5 Hz，揭示了位于 C—11 的双键是 *E* 构型（图 4–3），基于上述实验结果，由此得出了化合物 15 的相对构型，并将其命名为 pestalotic acid I。

4.1.2.2 化合物理化常数和波谱数据

（1）菌株 cr013 化合物理化常数和波谱数据

化合物 1：黄色油状，$[\alpha]_D^{18}$ = –129.02（*c* = 0.17，MeOH）；UV（MeOH）λ_{max}（logε）：290（4.25），203（4.26）；核磁共振波谱数据见表 4–1；ESI-MS：321 $[M + H]^+$；HR-ESI-MS：320.1616（$[M]^+$，calc. 320.1624）。

化合物 2：褐色油状，$[\alpha]_D^{21}$ = –112.76（*c* = 0.14，MeOH）；UV（MeOH）λ_{max}（logε）：245（3.86），210（4.34）；核磁共振波谱数据见表 4–2；ESI-MS：439 $[M + Na]^+$，441 $[M + 2 + Na]^+$；HR-ESI-MS：439.1503（$[M + Na]^+$，calc. 439.1500）。

化合物 3：无色晶体，m.p. 117-118℃；$[\alpha]_D^{26}$ = + 4.56（*c* = 0.13，MeOH）；UV（MeOH）λ_{max}（logε）：233（4.03）；IR（KBr）ν_{max}：3428，2962，1673，1630，1454，1385，1036，1019 cm^{-1}；核磁共振波谱数据见表 4–3；ESI-MS：473 $[M + Na]^+$；HR-ESI-MS：473.3607（[M + Na]+，calc. 473.3607）。

化合物 4：无色无定形粉末，m.p. 195-196℃；$[\alpha]_D^{20}$ = + 2.81（*c* = 0.07，MeOH）；UV（MeOH）λ_{max}（logε）：233（4.08）；IR（KBr）ν_{max}：3408，2968，1675，1642，1453，1373，1020 cm^{-1}；核磁共振波谱数据见表 4–4；ESI-MS：429 $[M + Na]^+$；HR-ESI-MS：429.2975（$[M + Na]^+$，calc. 429.2981）。

化合物 5：无色无定形粉末，$[\alpha]_D^{26}$ = + 17.05（*c* = 0.07，MeOH）；UV

（MeOH）λ_{max}（logε）：233（4.20）；核磁共振波谱数据见表 4–5；ESI-MS：557 [M + Na]$^+$；HR-ESI-MS：557.4189（[M + Na]$^+$，calc. 557.4182）。

化合物 6：$[\alpha]_D^{26}$ = + 19.70（c = 0.22，MeOH）；UV（MeOH）λ_{max}（logε）：232（4.19）；核磁共振波谱数据见表 3–6；ESI-MS：571 [M + Na]$^+$；HR-ESI-MS：571.4344（[M + Na]$^+$，calc. 571.4338）。

（2）菌株 CR014 化合物理化常数和波谱数据

化合物 7：褐色油状，$[\alpha]_D^{25}$ = – 23.0（c = 0.19，MeOH）；UV（MeOH）λ_{max}（logε）nm：285（4.31），204（4.20）；核磁共振波谱数据见表 4–7 和表 4–8；ESI-MS：357 [M + H]$^+$，359 [M +2+ H]$^+$，379 [M + Na]$^+$，381 [M +2+ Na]$^+$；HR-ESI-MS：379.1284（[M + Na]$^+$，calc. 379.1288）。

化合物 8：褐色油状，$[\alpha]_D^{18}$ = –7.33（c = 0.10，MeOH）；UV（MeOH）λ_{max}（logε）：318（4.16），232（4.30），207（4.40）；核磁共振波谱数据见表 4–7 和表 4–8；ESI-MS：345 [M - H]$^-$；HR-ESI-MS：345.1338（[M - H]$^-$，calc. 345.1338）。

化合物 9：褐色油状，$[\alpha]_D^{25}$ = –23.0（c = 0.19，MeOH）；UV（MeOH）λ_{max}（logε）nm：285（4.31），204（4.20）；核磁共振波谱数据见表 4–7 和 4–8；ESI-MS：357 [M + H]$^+$，359 [M +2+ H]$^+$，379 [M + Na]$^+$，381 [M +2+ Na]$^+$；HR-ESI-MS：379.1284（[M + Na]$^+$，calc. 379.1288）。

化合物 10：褐色油状，$[\alpha]_D^{25}$ = –7.7（c = 0.12，MeOH）；UV（MeOH）λ_{max}（logε）nm：317（3.82），217（4.52）；核磁共振波谱数据见表 4–7 和表 4–8；ESI-MS：337 [M - H]$^-$，339 [M + 2 - H]$^-$；HR-EI-MS：338.1285（[M]$^+$，calc. 338.1285）。

化合物 11：褐色油状，$[\alpha]_D^{21}$ = + 20（c = 0.12，MeOH），UV（MeOH）λ_{max}（logε）：310（3.47），208（4.07）；核磁共振波谱数据见表 4–7 和表 4–8；ESI-MS：413 [M + H]$^+$；HR-ESI-MS：413.2665（[M + H]$^+$，calc. 413.2668）。

化合物 12：褐色油状，$[\alpha]_D^{21}$ = + 10.89（c = 0.07，MeOH）；UV（MeOH）λ_{max}（logε）：257（3.73），203（4.26）；核磁共振波谱数据见表 4–7 和表 4–8；ESI-MS：371 [M + Na]$^+$；HR-ESI-MS：371.1464（[M + Na]$^+$，calc. 371.1471）。

化合物 13：褐色油状，$[\alpha]_D^{21}$ = + 96.98（c = 0.07，MeOH）；UV（MeOH）λ_{max}（logε）：269（3.81），211（4.59）；核磁共振波谱数据见表 4–7 和表 4–8；

ESI-MS：389 $[M+Na]^+$；HR-ESI-MS：389.1575（$[M+Na]^+$，calc. 389.1576）。

化合物 14：褐色油状，$[\alpha]_D^{21}=+88.18$（$c=0.22$，MeOH）；UV（MeOH）λ_{max}（logε）：274（3.60），211（4.41）；核磁共振波谱数据见表 4–7 和表 4–8；ESI-MS：389 $[M+Na]^+$；HR-ESI-MS：389.1573（$[M+Na]^+$，calc. 389.1576）。

化合物 15：褐色油状，$[\alpha]_D^{21}=+76.67$（$c=0.20$，MeOH）；UV（MeOH）λ_{max}（logε）：273（3.59），208（4.37）；核磁共振波谱数据见表 4–7 和表 4–8；ESI-MS：389 $[M+Na]^+$; HR-ESI-MS：389.1573（$[M+Na]^+$，calc. 389.1576）。

4.1.2.3 化合物生物活性

（1）化合物抗肿瘤活性

本研究测定了除化合物 5 之外的其余 5 种新化合物对 HL-60、SMMC—7721、A-549、MCF-7 和 SW480 等 5 种人体肿瘤细胞株的 IC_{50} 值，结果见表 4–9。从表 4–9 中可以看出化合物 2 在浓度小于 40μM 时，为对 5 株肿瘤细胞无活性；化合物 1、化合物 3 和化合物 6 对 5 种肿瘤细胞均有活性，其中化合物 1 对这 5 种肿瘤细胞的 IC_{50} 值分别为 18.99μM、17.68μM、18.28μM、21.67μM 和 12.27μM，化合物 3 对这 5 种肿瘤细胞的 IC_{50} 值分别为 10.41μM、11.29μM、2.30μM、13.76μM 和 12.42μM，化合物 6 对这 5 种肿瘤细胞的 IC_{50} 值分别为 15.7μM、31.2μM、10.7μM、23.7μM 和 21.4μM；化合物 4 仅对 A-549 有活性，其 IC_{50} 值为 10.58μM。

表 4-9　5 个化合物对 5 株肿瘤细胞的 IC_{50} 值

化合物名称	白血病 HL-60	肝癌 SMMC—7721	肺癌 A-549	乳腺癌 MCF-7	结肠癌 SW480
化合物 1	18.99	17.68	18.28	21.67	12.27
化合物 2	＞40	＞40	＞40	＞40	＞40
化合物 3	10.41	11.29	2.30	13.76	12.42
化合物 4	＞40	＞40	10.58	＞40	＞40
化合物 6	15.7	31.2	10.7	23.7	21.4
顺铂 （MW300）	1.24	7.14	6.30	17.65	13.50
紫杉醇	＜0.008	＜0.008	＜0.008	＜0.008	＜0.008

（2）化合物抗细菌活性

研究测定了化合物 8 ～化合物 11 和化合物 13 ～化合物 15 抗 4 种病原细菌（青枯病菌，伤寒杆菌，大肠杆菌，金黄色葡萄球菌）的活性。所有被测定的化合物均有抗细菌活性，结果见表 4–10。从结果中可以看出化合物 8、化合物 9、化合物 13 和化合物 14 抑制青枯菌（*R.Solanacearum*）生长的能力与阳性对照头孢噻肟一样强，因此这几种化合物可以作为抗细菌剂用于防治植物青枯病。化合物 8 同时对沙门伤寒菌具有很强的抑制作用，抑菌活性比头孢噻肟更强，具有较好的药用前景。

表 4–10 化合物抗细菌活性 单位：μg/mL

化合物	青枯病菌	伤寒杆菌	大肠杆菌	金黄色葡萄球菌
8	0.78	0.78	100	50
9	0.78	12.5	100	100
10	–	50	100	100
11	100	100	–	–
13	0.78	50	–	–
14	0.78	50	–	–
15	–	100	100	–
头孢噻肟	0.19	1.56	0.19	0.19

注：“-” 表示 MIC ＞ 100μg/mL 时无活性。

4.2 石楠叶锈重寄生拟盘多毛孢菌天然产物与活性

4.2.1 实验部分

4.2.1.1 仪器和材料

旋光由 Jasco P-1020 型全自动数字旋光仪测定；IR 由 BRUKER Tensor-27 傅立叶变换中红外光谱仪测定，KBr 压片；紫外光谱由 Shimadzu UV2401PC 型紫外可见分光光度仪测定；质谱由 Finnigan LCQ-Advantage 型以及 Xevo

TQ-S 型超高压液相色谱三重四极杆串联质谱联用仪测定；核磁共振波谱由 Bruker Bruker AM-400、DRX-500 及 Avance Ⅲ 600 核磁共振仪测定，氘代溶剂作为内标，δ 为频率误差，J 为赫兹；高分辨质谱由 Waters AutoSpec Premier P776 三扇型双聚焦磁质谱仪测定；X 由 APEX DUO 型射线单晶衍射仪测定。

薄层层析正相硅胶板（GF_{254}），拌样硅胶（80 ～ 100 目），柱层析用硅胶 H、GF 254、G、200 ～ 300 目、100 ～ 200 目，均为青岛海洋化工厂生产；柱层析硅胶 H，反相填充材料 Lichroprep RP-18（40 ～ 70 目）为德国 Merk 公司生产；凝胶材料羟丙基葡聚糖凝胶（Sephadex LH-20），为瑞典 Pharmacia 公司生产。

显色剂为碘粉、5% H_2SO_4-EtOH 溶液和碘化铋钾显色剂。

SHZ-D（III）型循环水多用真空泵为巩义市予华仪器有限责任公司生产；旋转蒸发仪为瑞士 BÜCHI 公司生产；ZF-1 型三用紫外分析仪为海门市其林贝尔仪器制造有限公司生产。

4.2.1.2 培养基和培养条件

改良 Fries：KH_2PO_4 1.0g，$MgSO_4 \cdot 7H_2O$ 0.5g，NaCl 0.1g，$CaCl_2 \cdot 2H_2O$ 0.13g，蔗糖 20g，酒石酸铵 5.0g，酵母浸膏 1.0g，NH_4NO_3 1.0g，蒸馏水 1000 mL，琼脂 15 ～ 20g，pH 自然。

培养条件：菌株 PG52 用改良 Fries 培养基发酵 30L，室温下培养 21d。

4.2.1.3 发酵产物的提取与分离

将已发酵 21d 的改良 Fries 培养基连同其上的菌落一同切为细小块状，用乙酸乙酯 : 甲醇 : 乙酸 =80 : 15 : 5（V/V/V）混合溶剂浸泡提取 3 次，将 3 次提取物合并浓缩后，再用乙酸乙酯萃取至颜色不再改变，最后用旋转蒸发仪 45℃ 减压浓缩至干，得浸膏（21.633g）。

将乙酸乙酯萃取后所得的浸膏（21.633g）用适量的溶剂溶解后，用硅胶（100 ～ 200 目，40 g）拌样，经正相柱层析（200 ～ 300 目，250g），用石油醚 : 乙酸乙酯 =（10 : 1、8 : 2、7 : 3、6 : 4），氯仿 : 甲醇 =（10 : 1、8 : 2），甲醇系统洗脱，经薄层层析检测，将含有相同 Rf 值和显色情况化合物的组分合并在一起，分别减压浓缩至干，共分为 10 个组分：Fr.1 ～ Fr.10。

组分 Fr.1 和 Fr.2 经显色推断主要为脂肪酸类化合物，故未进行进一步分离纯化。

组分 Fr.3 用硅胶（100 ～ 200 目，4g）拌样，洗脱柱填装为 200 ～ 300 目硅胶 80g，经石油醚 – 丙酮（20：1、10：1）梯度洗脱，最后用丙酮冲洗得到 4 个组分（Fr 3.1 ～ Fr 3.4），其中 Fr.3.2 经 Sephadex LH-20（氯仿：甲醇 = 1：1），以及石油醚 – 丙酮（30：1）等度洗脱，得到化合物 1（12.7mg）。

Fr.4 经 Sephadex LH-20（氯仿：甲醇 =1：1）分离后得到 3 个组分，分别为 Fr.4.1 ～ Fr.4.3。其中 Fr.4.1 用硅胶（100 ～ 200 目）拌样后，洗脱柱填装为 GF254 硅胶，用石油醚 – 丙酮（8：1、8：2）进行梯度洗脱，得到化合物 2（28.4mg）。

Fr.5 经 Sephadex LH-20（甲醇）分离后得到 5 个组分，分别为 Fr.5.1 ～ Fr.5.5。其中 Fr.5.2 经 Sephadex LH-20（甲醇）进一步分离得到 Fr.5.2.1；Fr.5.2.1 经 LC3000 型 – 高效液相色谱仪分离，最终得到化合物 3（9.6mg）、化合物 4（4.4mg）、化合物 5（1.4mg）。

Fr.6 经 Sephadex LH-20（氯仿：甲醇 =1：1）分离后得到 4 个组分，分别为 Fr.6.1 ～ Fr.6.4。其中 Fr.6.1 经 Sephadex LH-20（甲醇）多次分离后得到 4 个组分，分别为 Fr.6.1.1.1.1、Fr.6.1.1.1.2、Fr.6.1.1.1.3 和 Fr.6.1.1.1.4。其中 Fr.6.1.1.1.3 经 NP7000 型 – 高效液相色谱仪分离最终得到化合物 6（4.0 mg）。

Fr.8 用硅胶（100 ～ 200 目）拌样，洗脱柱填装为 200 ～ 300 目硅胶 80g，用石油醚 – 丙酮（9：1、8：2、7：3、2：3）进行梯度洗脱，最后用丙酮冲洗得到 7 个组分（Fr.8.1 ～ Fr.8.7）。其中 Fr.8.3 经 NP7000 型 – 高效液相色谱仪分离最终得到化合物 7（68.2mg）。Fr.8.4 经 Sephadex LH-20（甲醇）分离后得到 3 个组分（Fr.8.4.1 ～ Fr.8.4.3）。其中 Fr.8.4.1 经 Sephadex LH-20（甲醇）分离后得到 Fr.8.4.1.1，然后 Fr.8.4.1.1 经 NP7000 型 – 高效液相色谱仪分离最终得到化合物 8（5.4 mg）、化合物 9（2.1mg）、化合物 10（64.2mg）、化合物 11（11.0mg）、化合物 12（1.3mg）。Fr.8.4.2 用硅胶（100 ～ 200 目）拌样，洗脱柱填装为 GF254 硅胶用含有 3 ‰的甲酸的石油醚 – 丙酮（8：2、7：3）进行梯度洗脱，得到 3 个组分（Fr.8.4.2.1 ～ Fr.8.4.2.3）。其中 Fr.8.4.2.1 用硅胶（100 ～ 200 目）拌样，洗脱柱填装为 GF254 硅胶用含有 3‰的甲酸的氯仿 –

甲醇（100∶1、100∶3）进行梯度洗脱，得到化合物 13（1.5 mg）。

组分 Fr.9 和 Fr.10 经薄层层析检测后，无明显差异，故未进行进一步分离。

4.2.2 新化合物的结构解析

4.2.2.1 化合物 6 结构解析

化合物 6 为褐色油状，结合 ^{13}C 核磁共振波谱和无畸变极化转移技术谱，高分辨质谱 HR-ESI-MS（$[M - H]^-$ *m/z* 349.1658; calc. 349.1651）确定其分子式为 $C_{19}H_{26}O_6$，从 ^{13}C 核磁共振波谱和无畸变极化转移技术谱（表 4–11）上可以看出化合物 6 中含有 6 个季碳信号（δ_C 197.1、δ_C171.4、δ_C151.4、δ_C133.0、δ_C130.3 和 δ_C64.6），5 个次甲基（δ_C 143.3、δ_C136.1、δ_C127.3、δ_C66.4 和 δ_C59.2），6 个亚甲基（δ_C55.1、δ_C35.2、δ_C32.8、δ_C31.0、δ_C29.8 和 δ_C23.7）和 2 个甲基（δ_C14.5 和 δ_C13.0）。

根据 ^1H- 核磁共振波谱（表 4–11）数据由于具有一个单峰甲基（δ_H1.89，s）和一个三重峰甲基（δ_H0.94，t，J = 7.0 Hz），表明化合物 6 是 ambuic acid 的类似物。由同核质子位移相关谱（表 4–11）中的数据可以看出由该化合物的关键相关点（H-3/H-4; H-11/H-12/H-13; H-15/H-16/H-17）可以推导出化合物含有 -C-3-C-4-、-C-11-C-12-C-13- 和 -C-15-C-16-C-17- 3 个片段。根据异核多键相关谱上的数据（表 4–11）显示：3 位烯基的氢 δ_H 6.84（H-3）与 δ_C 171.2（C—1）、δ_C133.0（C—2）、δ_C31.0（C—4）、δ_C64.6（C—5）和 δ_C13.0（C—18）相关，18 位甲基上的氢 δ_H 1.89（H-18）与 δ_C 171.4（C—1）、δ_C133.0（C—2）和 δ_C136.1（C—3）相关；4 位亚甲基上的氢 δ_H 3.18 和 δ_H2.74（H-4）与 δ_C 133.0（C—2）、δ_C 136.1（C—3）、δ_C 64.6（C—5） 和 δ_C 59.2（C—10）相关；6 位连氧的次甲基上的氢 δ_H 4.85（H-6）与 δ_C 151.4（C—7）、δ_C130.3（C—8）、δ_C127.3（C—11）和 δ_C31.3（C—4）相关；19 位连氧的亚甲基上的氢 δ_H 4.49 和 δ_H4.28（H-19）与 δ_C 197.1（C—9）、δ_C151.4（C—7）和 δ_C130.3（C—4）相关；通过结合其他相关点（表 4–11），最终推导出该化合物的平面结构。

化合物 6 的相对构型由二维核磁实验确定，核奥弗豪泽效应数据显示：H-4、H-6 和 H-10 相关确定了对应 C—5、C—6 和 C—10 构型，并且从 ^1H- 核磁共振波谱计算出 H-11 和 H-12 的耦合常数为 15.9Hz，揭示了位于 C—11 的双键是 *E* 构型，由此得出了化合物 6 的相对构型。

表 4-11 甲醇溶剂中化合物 6 的 ¹H 核磁共振波谱（¹H 600MHz，δ in ppm，mult. J in Hz）、¹³C 核磁共振波谱（150MHz，δ in ppm）和 HBMC 数据

位置	¹H	¹³C	异核多键相关谱	同核质子位移相关谱
1	–	171.4，s	–	–
2	–	133.0，s	–	–
3	6.84（1H，td，7.5，1.3）	136.1. d	C—1，C—2，C—4，C—5，C—18	H–4
4	3.18（1H，dd，15.6，7.5）	31.0，t	C—2，C—3，C—5，C—10	H–3，H–4
	2.74（1H，dd，15.6，7.5）		C—2，C—3，C—5，C—10	H–3，H–4
5	–	64.6，s	–	–
6	4.85（1H，s）	66.4，d	C—4，C—7，C—8，C—11	H–10
7	–	151.4，s	–	–
8	–	130.3，s	–	–
9	–	197.1，s	–	–
10	3.37（1H，d，0.8）	59.2，d	C—4，C—5，C—8，C—9	
11	6.68（1H，d，15.9）	127.3，d	C—6，C—7，C—8，C—12，C—13	H–12
12	6.56（1H，dt，15.7，7.0）	143.3，d	C—7，C—11，C—13，C—14	H–11，H–13
13	2.31（2H，dd，14.8，7.8）	35.2，t	C—4，C—11，C—12，C—14，C—15	H–12，H–14
14	1.54（2H，dt，14.6，7.3）	29.8，t	C—12，C—13，C—15，C—16	H–13
15	1.37（2H，m）	32.8，t	C—16，C—17	
16	1.37（2H，m）	23.7，t	C—15，C—17	

续表

位置	^1H	^{13}C	异核多键相关谱	同核质子位移相关谱
17	0.94（3H，t，7.0）	14.5，q	C—15，C—16	
18	1.89（3H，s）	13.0，q	C—1，C—2，C—3，C—4，C—5	
19	4.49（1H，d，11.7）	55.1，t	C—3，C—7，C—9	
	4.28（1H，d，11.7）		C—3，C—7，C—9	

4.2.2.2 化合物 4 结构解析

化合物 4 为褐色油状，结合 ^{13}C 核磁共振波谱和无畸变极化转移技术谱，高分辨质谱 HR-ESI-MS（$[M-H]^-$ *m/z* 379.1284; calc. 379.1288）确定其分子式为 $C_{18}H_{25}{}^{35}ClO_5$。在自然界中由于 Cl 的同位素 ^{37}Cl（24.47%）的含量是 ^{35}Cl（75.53%）的 1/3，并且从化合物 4 的 ESI-MS 的实验数据中可以观察到化合物 4 的分子量中有一个为 *m/z* 381 $[M+2+Na]^+$ 同位素峰，其丰度为另一个同位素峰 *m/z* 379 $[M+Na]^+$ 的 1/3，因此可以判定化合物 4 中含有一个 Cl 原子取代基。

从异核多键相关谱和同核质子位移相关谱（表 4–12）中可以看出，化合物 4 与化合物 6 非常相似。其与化合物 6 的区别在于六元环的化学位移和取代基发生了改变：化学位移为 δ_C55.1 的信号在化合物 4 中消失不见了；三元环氧被打破；一个 Cl 取代了六元环一个上的羟基：δ_H4.43（H-3）与 δ_C156.1（C—7）、δ_C130.5（C—11）、δ_C124.5（C—8）、δ_C79.7（C—5）、δ_C70.0（C—10）和 δ_C36.9（C—4）相关的碳相关；3 位烯基的氢 δ_H 5.97（H-18）与 δ_C 156.1（C—7）、δ_C130.5（C—11）、δ_C70.0（C—10）和 δ_C69.9（C—6）相关。10 位次甲基的氢 δ_H 5.02（H-10）与 δ_C 193.0（C—9）和 δ_C79.7（C—5）相关。为了确定 Cl 的取代位置，测定了其在氘代丙酮中的核磁数据，从其中的数据可以看出，一个羟基信号（δ_H 5.19）与 C—7、C—5 和 C—6 相关，另一个羟基信号（δ_H4.69）与 C—4、C—5、C—6 和 C—10 相关。

化合物 4 的相对构型由二维核磁实验确定，核奥弗豪泽效应数据显示：H-4、H-6 和 H-10 相关确定了分别对应 C—5、C—6 和 C—10 的构型，可以得出化合物 4 的结构。

表 4-12 甲醇溶剂中化合物 4 的 ^{1}H 核磁共振波谱（^{1}H 600MHz，δ in ppm，mult. J in Hz）、^{13}C 核磁共振波谱（150MHz，δ in ppm）和 HBMC 数据

位置	^{1}H	^{13}C	异核多键相关谱	同核质子位移相关谱
1	–	171.8，s	–	–
2	–	132.0，s	–	–
3	7.08（1H，td，7.7，1.3）	137.6，d	C—1，C—2，C—3，C—5，C—18	H-4
4	2.93（1H，dd，14.9，7.8）	36.9，t	C—1，C—2，C—3，C—4，C—5，C—6，C—10	H-3
	2.86（1H，dd，15.8，6.0）		C—1，C—2，C—3，C—4，C—5，C—6，C—10	H-3
5	–	79.7，s	–	–
6	4.43（1H，s）	69.9，d	C—4，C—5，C—7，C—8，C—10，C—11	
7	–	156.1，s	–	–
8	5.97（1H，s）	124.5，d	C—6，C—7，C—10，C—11	
9	–	193.0，s	–	–
10	5.02（1H，s）	70.0，d	C—5，C—9	
11	6.28（1H，d，15.9）	130.5，d	C—6，C—7，C—8，C—10，C—13	H-12
12	6.51（1H，dt，15.3，7.1）	143.0，d	C—7，C—13，C—14	H-11，H-13
13	2.28（2H，q，7.1）	34.7，t	C—7，C—11，C—12，C—14，C—15	H-12，H-14
14	1.53（2H，m）	29.7，t	C—12，C—13，C—15，C—16	H-13
15	1.37（2H，m）	32.8，t	C—16，C—17	
16	1.37（2H，m）	23.7，t	C—17	
17	0.93（3H，t，7.0）	14.5，q	C—15，C—16	H-16
18	1.91（3H，s）	13.2，q	C—1，C—2，C—3，C—4，C—5	

4.2.2.3 化合物 5 结构解析

化合物 5 为褐色油状，结合 ^{13}C 核磁共振波谱和无畸变极化转移技术谱，高分辨质谱 HR-EI-MS（$[M]^+$ *m/z* 338.1285；calc. 338.1285）确定其分子式为

$C_{18}H_{23}{}^{35}ClO_4$。通过和化合物 4 进行比较，发现化合物 5 中 6 元环变为了苯环（表 4–13），并且基于异核多键相关谱的数据（表 4–13），苯环的 3 个取代基：2 个羟基和一个 Cl 分别位于 C—9、C—10 和 C—6。综上所述，化合物 5 的结构如图 4–5 所示。

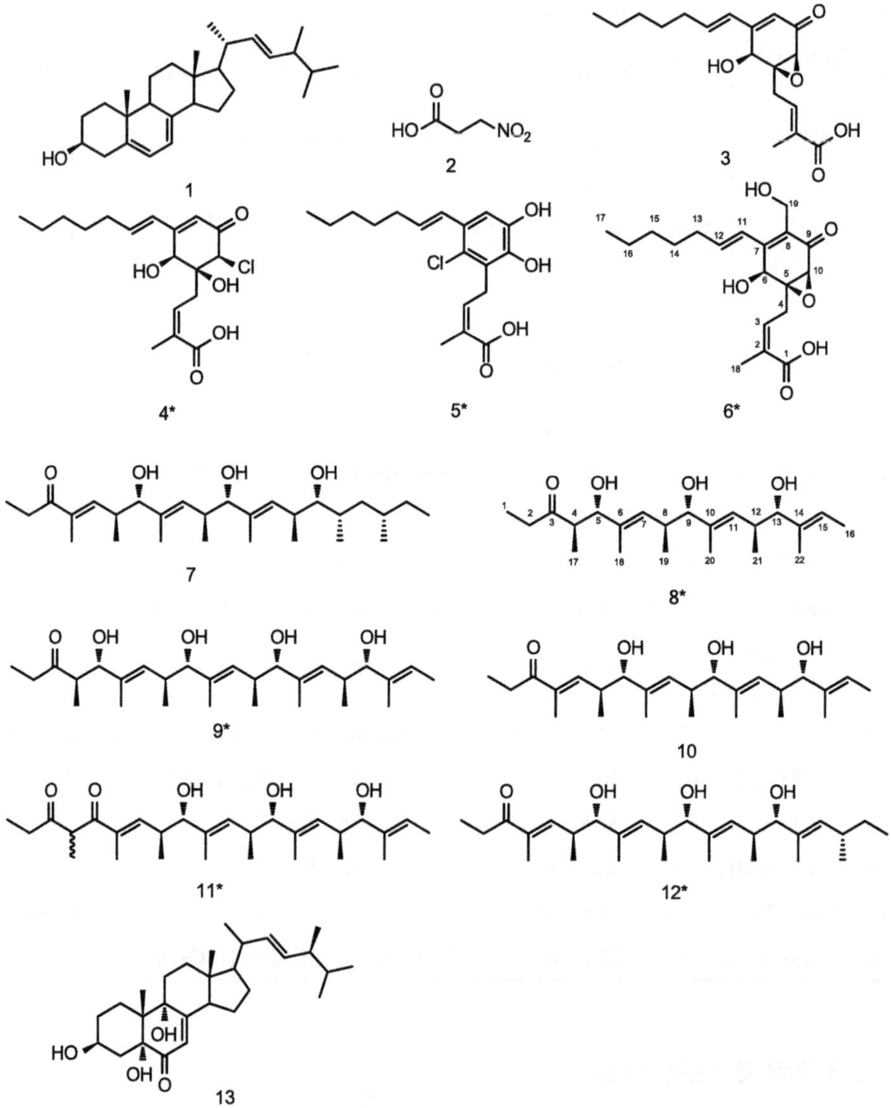

图 4–5 化合物 1 ～ 13 结构

注：* 标记为新化合物。

表 4-13 甲醇溶剂中化合物 5 的 ^{1}H 核磁共振波谱（^{1}H 600MHz，δ in ppm，mult. J in Hz）、^{13}C—核磁共振波谱（150MHz，δ in ppm）和 HBMC 数据

位置	^{1}H	^{13}C	异核多键相关谱	同核质子位移相关谱
1	–	172.0，s	–	–
2	–	129.1，s	–	–
3	6.72（1H，td，7.1，1.1）	141.3，d	C—1，C—4，C—18	H-4
4	3.70（2H，d，7.2）	28.8，t	C—1，C—2，C—3，C—5，C—6，C—7，C—10	H-3
5	–	128.6，s	–	–
6	–	121.1，s	–	–
7	–	127.9，s	–	–
8	6.88（1H，s）	112.0，d	C—6，C—9，C—10，C—11	
9	–	148.3，s	–	–
10	–	146.3，s	–	–
11	6.64（1H，d，15.7）	125.4，d	C—7，C—8，C—10，C—13	H-12
12	6.15（1H，dt，15.6，7.0）	133.2，d	C—7，C—13，C—14	H-11，H-13
13	2.25（2H，td，8.1，1.2）	34.6，t	C—11，C—12，C—14，C—15	H-12，H-14
14	1.52（2H，m）	30.5，t	C—12，C—13，C—16	H-16
15	1.39（2H，m）	32.9，t	C—16	
16	1.39（2H，m）	23.8，t	C—15	
17	0.94（3H，t，6.9）	14.6，q	C—15，C—16	
18	1.98（3H，s）	12.9，q	C—1，C—2，C—3，C—5，C—7	

4.2.2.4 化合物 8 结构解析

化合物 8 为无色晶体；结合 ^{13}C 核磁共振波谱和无畸变极化转移技术谱，由高分辨质谱 HR-ESI-MS（$[M+Na]^+$ *m/z* 389.2671; calc. 389.2668），确定其分子式为 $C_{22}H_{38}O_4$，从 ^{13}C 核磁共振波谱和无畸变极化转移技术谱上可以看出化合物 1 含有 22 个碳信号：其中包括 8 个甲基、1 个亚甲基、9 个次甲基和 4 个季碳信号（表 4–14）。根据 MS 和核磁共振波谱数据（表 4–14）：化合物 8 的结构类型属于 pestalpolyol 类化合物：含有多个双键、多个羟基和多个甲基取代的线性链状结构。

表 4–14　吡啶溶剂中化合物 8 的 ^1H 核磁共振波谱（^1H 600 MHz，δ in ppm，mult. J in Hz）、^{13}C 核磁共振波谱（150MHz，δ in ppm）和 HBMC 数据

位置	^1H	^{13}C	异核多键相关谱	同核质子位移相关谱
1	1.13（3H，t，7.2）	8.4，q	C—2，C—3，C—17	H–2
2	2.95（1H，m） 2.72（1H，dq，18.3，7.2）	37.4，t	C—1，C—3 C—1，C—3	H–1 H–1
3	–	215.4，s	–	–
4	3.07（1H，dq，9.9，7.0）	49.8，d	C—3，C—5，C—6，C—17	H–5，H–17
5	4.55（1H，d，9.9）	82.0，d	C—3，C—4，C—7，C—18，C—22	H–4
6	–	136.5，s	–	–
7	5.78（1H，t，8.7）	134.0，d	C—5，C—8，C—12，C—19，C—21，C—22	H–8
8	2.95（1H，m）	36.97，d	C—6，C—7，C—9，C—19	H–7，H–9，H–19
9	4.17（1H，d，7.5）	82.4，d	C—7，C—8，C—11，C—12，C—14，C—19，C—21	H–8
10	–	138.8，s	–	–
11	5.78（1H，t，8.7）	131.8，d	C—8，C—9，C—12，C—19，C—21	H–13，H–12

续表

位置	^{1}H	^{13}C	异核多键相关谱	同核质子位移相关谱
12	2.95（1H，m）	37.00，d	C—11，C—13，C—14，C—21	H-13，H-21
13	3.99（1H，d，8.5）	83.2，d	C—8，C—10，C—11，C—12，C—14，C—15，C—18，C—19，C—21，C—22	H-12
14	-	138.3，s	-	-
15	5.56（1H，q，6.5）	121.8，d	C—7，C—8，C—9，C—12	H-16
16	1.59（3H，d，6.4）	13.6，q	C—10，C—13，C—15，C—22	H-15
17	1.02（3H，d，6.9）	14.9，q	C—1，C—3，C—4，C—5	H-4
18	1.91（3H，d，1.0）	11.4，q	C—5，C—6，C—7	
19	1.09（3H，d，6.8）	18.8，q	C—13，C—18，C—20，C—22	H-8
20	1.92（3H，d，1.0）	12.9，q	C—9，C—11，C—14	
21	0.97（3H，d，6.8）	18.5，q	C—8，C—11，C—12，C—13	H-12
22	1.78（3H，s）	11.6，q	C—10，C—13，C—15	

化合物8的平面结构通过同核质子位移相关谱、异核单量子相关谱和异核多键相关谱确定。由同核质子位移相关谱（表4-14）中的数据可以看出由该化合物的关键相关点（H-1/H-2；H-3/H-4；H-15/H-16）可以推导出化合物含有C—1—C—2、—C—3-C—4—和—C—15-C—16—这3个片段。根据异核多键相关谱上的数据（表4-14）：甲基上的氢δ_{H}1.13（H-1）与δ_{C}215.4（C—3）、δ_{C}37.4（C—2）相关，2位亚甲基上的氢δ_{H}2.72（H-2a）与δ_{C}215.4（C—3）、δ_{C}8.4（C—1）相关；4位次甲基上的氢δ_{H} 3.07与δ_{C}215.4（C—3）、δ_{C}136.5（C—6）、δ_{C}82.0（C—5）和δ_{C}14.9（C—17）相关；5位氧取代次甲基的氢δ_{H}4.55（H-5）与δ_{C}215.4（C—3）、δ_{C}134.0（C—7）、δ_{C}49.8（C—4）、δ_{C}14.9（C—17）和δ_{C}11.4（C—18）相关；9位氧取代次甲基的氢δ_{H}4.17（H-9） 与δ_{C}138.3（C—10）、δ_{C}134.0（C—7）、δ_{C}131.8（C—11）、δ_{C}36.97

（C—8）、δ_C18.8（C—19）和 δ_C12.9（C—20）相关；13 位氧取代次甲基的氢 δ_H3.99（H-13）与 δ_C138.8（C—14）、δ_C131.8（C—11）、δ_C121.8（C—15）、δ_C37.00（C—12）、δ_C18.5（C—21）和 δ_C11.6（C—22）相关；16 位甲基氢 δ_H 1.59（H-16）与 δ_C138.8（C—14）、δ_C121.8（C—15）和 δ_C83.2（C—13）（w）相关。

化合物 8 的相对构型由二维核磁实验确定，核奥弗豪泽效应数据显示：H-17 与 H-19、H-5 相关；H-18 与 H-19 相关；H-19 和 H-9 相关；H-19 和 H-20 相关；H-21 与 H-20、H-13 相关。最后，通过晶体衍射 Cu Kα，Flack 参数 –0.05（14）下，确定化合物 8 的绝对构型为 4*R*、5*S*、6*E*、8*S*、9*S*、10*E*、12*S*、13*S* 和 14*E*，最后将其命名为 pestalpolyol E。

4.2.2.5 化合物 9 结构解析

化合物 9 为无色无定形粉末；结合 ^{13}C 核磁共振波谱和无畸变极化转移技术谱，高分辨质谱 HR-ESI-MS（[M + Na]+ m/z 487.3400; calc. 487.3399）确定其分子式为 $C_{28}H_{48}O_5$，从 ^{13}C 核磁共振波谱和无畸变极化转移技术谱上可以看出化合物 9 含有 28 个碳信号：其中包括 10 个甲基、1 个亚甲基、12 个次甲基和 5 个季碳信号（表 4–15）。通过与化合物 8 进行比较，可以看出化合物 12 的结构与化合物 8 非常类似，并且只比化合物 8 多了 6 个碳信号（2 个甲基、2 个次甲基和 1 个双键）。

从 2D 核磁共振波谱数据可以得出化合物 9 的平面结构。由同核质子位移相关谱（表 4–15）中的数据可以看出由该化合物的关键相关点［（H-1/H-2; H-21/H-3/H-4；H-7/H-8（/H-23）/H-9；H-11/H-12（/H-25）/H-13；H-19/H-20）］可以推导出化合物含有 C—1—C—2、—C—21—C—4-C—5—、—C—7—C—8（—C—23）—C—9—、—C—11—C—12（—C—25）—C—13—和—C—19—C—20—这 5 个片段。从异核多键相关谱上的数据显示，1 位甲基氢 δ_H1.14（H-1）与 δ_C215.4（C—3）、δ_C37.5（C—2）相关，2 位亚甲基上的氢 δ_H2.72（H-2a）与 δ_C 215.4（C—3）、δ_C8.4（C—1）相关；4 位次甲基上的氢 δ_H 3.08（H-4）与 δ_C215.4（C—3）、δ_C136.4（C—6）、δ_C82.1（C—5）和 δ_C14.9（C—21）相关；5 位氧取代次甲基的氢 δ_H 4.54（H-5）与 δ_C215.4（C—3）、δ_C134.3（C—7）、δ_C49.7（C—4）、δ_C14.9（C—17）和 δ_C11.4（C—22）

相关；9 位氧取代次甲基的氢 δ_H4.09（H-9）与 δ_C134.3（C—7）、δ_C132.2（C—11）、δ_C36.7（C—8）、δ_C18.6（C—23）和 δ_C12.4（C—24）相关；13 位氧取代次甲基的氢 δ_H4.13（H-13）与 δ_C138.0（C—14）、δ_C132.3（C—11）、δ_C36.9（C—12）、δ_C18.7（C—25）和 δ_C12.7（C—26）相关；17 位连氧的次甲基上的氢 δ_H3.99（H-17） 与 δ_C132.3（C—11）、δ_C121.9（C—19）、δ_C36.8（C—16）、δ_C18.5（C—27）和 δ_C11.6（C—28）相关；末端甲基氢 δ_H1.60（H-20）与 δ_C138.7（C—18）、δ_C121.9（C—19）相关。

化合物 9 的相对构型由二维核磁实验确定，核奥弗豪泽效应数据显示：H-21 与 H-22、H-5 相关；H-22 与 H-23 相关；H-23 与 H-24、H-9 相关；H-24 和 H-25 相关；H-25 与 H-26、H-13 相关；H-26 和 H-27 相关；H-27 和 H-17 相关。通过比较化合物 8 的核磁共振波谱数据，并根据生源途径以及参照化合物 8 晶体衍射数据，得出化合物 9 的绝对构型为 4*R*、5*S*、6*E*、8*S*、9*S*、10*E*、12*S*、13*S*、14*E*、16*S*、17*S* 和 18*E*，最后将其命名为 pestalpolyol F。

表 4-15 吡啶溶剂中化合物 9 的 ^{1}H 核磁共振波谱（^{1}H 600 MHz，δ in ppm，mult. J in Hz）、^{13}C 核磁共振波谱（150MHz，δ in ppm）和 HBMC 数据

位置	^{1}H	^{13}C	异核多键相关谱	同核质子位移相关谱
1	1.14（3H，t，7.2）	8.4，q	C—2，C—3	H-2
2	2.90（1H，m）	37.5，t	C—1，C—3，C—5	H-1
	2.72（1H，dq，18.3，7.2）		C—1，C—3	H-1
3	-	215.4，s	-	-
4	3.08（1H，dq，9.8，6.9）	49.7，d	C—3，C—5，C—21	H-5
5	4.54（1H，d，9.9）	82.1，d	C—3，C—4，C—7，C—21，C—22	H-4
6	-	136.4，s	-	-
7	5.69（1H，d，9.3）	134.3，d	C—5，C—8，C—22	H-8
8	2.96（1H，m）	36.7，d	C—7，C—17，23	H-9，H-23
9	4.09（1H，d，8.1）	83.1，d	C—8，C—11，C—23，C—24	H-8
10	-	137.9，s	-	-

续表

位置	^{1}H	^{13}C	异核多键相关谱	同核质子位移相关谱
11	5.73（1H，d，9.2）	132.2，d	C—12，C—13，C24	H-12
12	2.96（1H，m）	36.9，d	C—11，C—13，C—14，C—27	H-11，H-25，H-13
13	4.13（1H，d，7.9）	82.9，d	C—12，C—15，C—25，C—26	H-13
14	–	138.0，s	–	–
15	5.76（1H，d，9.4）	132.3，d	C—9，C—16，C—26	H-16
16	2.96（1H，m）	36.8，d	C—9，C—10，C—15，C—25	H-15，H-17，H-27
17	3.99（1H，d，8.6）	83.2，d	C—15，C—16，C—19，C—27，C—28	H-16
18	–	138.7，s	–	–
19	5.57（1H，q，6.4）	121.9，d	C—17，C—20，C—28	H-20
20	1.60（3H，d，6.6）	13.6，q	C—18，C—19	H-19
21	1.01（3H，d，7.0）	14.9，q	C—3，C—4，C—5	H-4
22	1.90（3H，d，0.7）	11.4，q	C—5，C—7	
23	1.02（3H，d，6.9）	18.6，q	C—7，C—8，C—9	H-8
24	1.92（3H，d，0.6）	12.4，q	C—10，C—11，C—13	
25	1.07（3H，d，6.8）	18.7，q	C—11，C—13，C—16	H-12
26	1.93（3H，d，0.5）	12.7，q	C—9，C—14，C—15	
27	0.96（3H，d，6.8）	18.5，q	C—11，C—12，C—17	H-16
28	1.78（3H，s）	11.6，q	C—17，C—18，C—19	

4.2.2.6 化合物 11 结构解析

化合物 11 为无色无定形粉末，结合 ^{13}C 核磁共振波谱和无畸变极化转移技术谱，高分辨质谱 HR-ESI-MS（$[M+Na]^{+}$ m/z 485.3249；calc. 485.3243）确定其分子式为 $C_{28}H_{46}O_5$，和化合物 9 相比，化合物 11 与化合物 9 非常相似。

区别在于，化合物 9 上的一个羟基（C—5）在化合物 11 中被氧化为酮基。

从 2D- 核磁共振波谱数据（表 4–16）和 MS 数据可以推出化合物 11 的结构。C—5 上的酮基可以转变为烯醇式结构，因此 2 位的甲基有 R 和 S 两种构型。

化合物 11 的相对构型由二维核磁实验确定，核奥弗豪泽效应数据显示：H-23 与 H-24、H-9 相关；H-24 和 H-25 相关；H-25 与 H-26、H-13 相关；H-26 和 H-27 相关；H-17 和 H-27 相关。化合物 11 上的其他的碳信号与化合物 9 相同，其绝对构型为 *6E*、*8S*、*9S*、*10E*、*12S*、*13S*、*14E*、*16S*、*17S* 和 *18E*，最后将其命名为 pestalpolyol G。

表 4–16 吡啶溶剂中化合物 11 的 ^{1}H 核磁共振波谱（^{1}H 600 MHz，δ in ppm，mult. J in Hz）、^{13}C 核磁共振波谱（150MHz，δ in ppm）和 HBMC 数据

位置	^{1}H	^{13}C	异核多键相关谱	同核质子位移相关谱
1	1.06（3H，td，7.2，2.2）	8.61/8.55，q	C—2，C—3	H–2
2	2.71（1H，m）左 2.71（1H，m）右	35.3/35.0，t	C—1，C—3 C—1，C—3	H–1 H–1
3	–	208.6/208.3，s	–	–
4	4.73（1H，d，19.4，6.9）	54.5/54.3，d	C—3，C—5，C—21	H–21
5	–	200.32/200.28，s	–	–
6	–	136.2，s	–	–
7	7.18（1H，dd，9.1，5.3）	150.35/150.33，d	C—5，C—8，C—9，C—22，C—23	H–8
8	3.12（1H，m）	38.91/38.89,d	C—6，C—7，C—9，C—23	H–7，H–9，H–23
9	4.25（1H，d，7.7）	82.6/82.5，d	C—7，C—8，C—10，C—11，C—23，C—24	H–8
10	–	137.4/137.3，s	–	–
11	5.84（1H，t，8.6）	133.13/133.07，d	C—9，C—12，C—25，C—26	H–12

续表

位置	^{1}H	^{13}C	异核多键相关谱	同核质子位移相关谱
12	2.99（1H，m）	37.01，d	C—10，C—11，C—13，C—27	H-11，H-13，H-25
13	4.19（1H，d，7.8）	82.8/82.7，d	C—14，C—15，C—16，C—25，C—26	H-12
14	–	138.28/138.25，s	–	–
15	5.79（1H，d，9.1）	132.1/132.0，d	C—13，C—16，C—27，C—26	H-16
16	2.93（1H，m）	37.02，d	C—14，C—15，C—17，C—25	H-15，H-17，H-27
17	4.01（1H，d，8.4）	83.16/83.14，d	C—12，C—15，C—18，C—19，C—27，C—28	H-16
18	–	138.84/138.81，s	–	–
19	5.58（1H，m）	121.76/121.74，d	C—17，C—20，C—28	H-20
20	1.60（3H，m）	13.6，q	C—18，C—19	H-19
21	1.43（3H，dd，10.5，6.9）	14.8/14.7，q	C—3，C—4，C—5	H-4
22	2.08（3H，d，12.9）	12.85/12.76，q	C—6，C—7	H-7
23	1.11（3H，m）	17.50/17.48,q	C—7，C—8，C—9	
24	1.94（3H，s）	12.3，q	C—10，C—11	
25	1.11（3H，m）	18.82/18.79，q	C—11，C—12，C—13	
26	1.94（3H，s）	12.71/12.67，q	C—13，C—14，C—15，C—25	
27	0.99（3H，dd，6.8，3.4）	18.6，q	C—15，C—16，C—17	H-16
28	1.79（3H，m）	11.67/11.65，q	C—17，C—18，C—19	

4.2.2.7 化合物 12 结构解析

化合物 12 为无色无定形粉末，结合 ^{13}C 核磁共振波谱和无畸变极化转移技术谱，高分辨质谱 HR-ESI-MS（[M + Na]+ *m/z* 471.3451; calc. 471.3450）确定其分子式为 $C_{28}H_{48}O_4$，通过和化合物 pestalpolyol A 比较，化合物 12 与化合物 8 非常相似，化合物 12 在的 C—16 和 C—17 的位置多了一个双键（表 4–17）。从 2D- 核磁共振波谱数据和 MS 数据可以推出化合物 11 的结构。

化合物 12 的相对构型由二维核磁实验确定，核奥弗豪泽效应数据显示：H-22 与 H-23、H-7 相关；H-23 和 H-24 相关；H-24 与 H-25、H-11 相关；H-25 和 H-26 相关；H-26 与 H-27 和 H-15 相关；H-27 和 H-18 相关。化合物 12 的绝对构型与 pestalpolyol A 的绝对构型相同，因此其绝对构型为 4E、6*S*、7*S*、8*E*、10*S*、11*S*、12*E*、14*S*、15*S*、16*E* 和 18*S*，最后将其命名为 pestalpolyol H。

表 4–17　吡啶溶剂中化合物 12 的 ^1H 核磁共振波谱（^1H 600 MHz，δ in ppm，mult. J in Hz）、^{13}C 核磁共振波谱（150MHz，δ in ppm）和 HBMC 数据

位置	^1H	^{13}C	异核多键相关谱	同核质子位移相关谱
1	1.09（3H，t，7.0）	9.5，q	C—2,C— 3	H–2
2	2.70（2H，q，7.3）	31.2，t	C—1，C—3	H–1
3	–	202.5，s	–	–
4	–	136.8，s	–	–
5	6.98（1H，d，9.4）	147.5，d	C—3，C—6，C—7，C—21，C—22	H–6
6	3.08（1H，m）	38.7，d	C—4，C—5，C—7，C—22	H–5，H–23
7	4.23（1H，d，7.4）	82.6，d	C—9，C—10，C—12，C—24，C—25	H–6
8	–	137.5，s	–	–
9	5.89（1H，d，9.3）	132.8，d	C—10，C—11，C—23，C—24	H–10
10	3.01（1H，m）	37.1，d	C—8，C—9，C—11，C—24	H–9，H–11，H–24
11	4.26（1H，d，7.8）	82.5，d	C—5，C—6，C—8，C—22，C—23	H–10

续表

位置	^{1}H	^{13}C	异核多键相关谱	同核质子位移相关谱
12	–	138.3，s	–	–
13	5.83（1H，d，8.8）	132.1，d	C—11，C—14，C—25，C—26	H–14
14	2.94（1H，m）	36.9，d	C—12，C—13，C—15，C—26	H–13，H–15，H–26
15	4.03（1H，d，8.6）	83.6，d	C—14，C—17，C—26，C—27	H–14
16	–	136.9，s	–	–
17	5.22（1H，d，9.5）	134.4，d	C—15，C—18，C—20，C—27	H–18
18	2.33（1H，m）	34.5，d	C—17，C—19，C—20	H–17，H–19，H–28
19	1.35（2H，m）	30.9，t	C—17，C—18，C—20	H–18，H–20
20	0.89（3H，d，6.6）	21.5，q	C—17，C—18，C—19	H–19
21	2.04（3H，s）	12.5，q	C—3，C—4，C—5	
22	1.09（3H，t，7.0）	17.6，q	C—5，C—6，C—7	H–2
23	1.96（3H，d，3.3）	12.4，q	C—8，C—9，C—11	H–6，H–9
24	1.14（3H，d，6.8）	18.9，q	C—7，C—9，C—10	H–10
25	1.96（3H，d，3.3）	12.8，q	C—11，C—12，C—13	H–12
26	1.02（3H，d，6.8）	18.7，q	C—13，C—14，C—15	H–14
27	1.82（3H，s）	12.0，q	C—15，C—16，C—17	
28	0.86（3H，t，7.3）	13.0，q	C—18，C—19	H–18

4.2.3 化合物理化常数和波谱数据

化合物 1：$C_{28}H_{44}O$，无色针状结晶；ESI-MS *m/z*：397 $[M+H]^+$；^{1}H-核磁共振波谱（$CDCl_3$，600 MHz）δ_H：5.57（1H，dd，*J* = 5.5，2.4Hz，H-6），5.39（1H，m，H-7），5.22（2H，m，H-22，23），3.64（1H，m，H-3），1.04（3H，d，*J* = 6.7Hz，H-21），0.95（3H，s，H-19），0.92（3H，d，*J* = 7.0，H-28），0.84（3H，d，*J* = 6.4Hz，H-26 或 H-27），0.83（3H，d，*J* = 6.4Hz，

H-26或27)，0.63（3H，s，H-18）；^{13}C 核磁共振波谱（$CDCl_3$，150MHz）δ_C：141.4（s，C—8），139.8（s，C—5），135.6（d，C—22），132.0（d，C—23），119.6（d，C—6），116.3（d，C—7），70.5（d，C—3），55.7（d，C—17），54.5（d，C—14），46.2（d，C—9），42.8（d，C—24），40.8（t，C—4），40.4（d，C—20），39.1（t，C—12），38.4（t，C—1），37.0（s，C—10），33.1（d，C—25），32.0（t，C—2），28.3（t，C—16），23.0（t，C—15），21.1（t，C—11），19.9（q，C—27），19.6（q，C—26），17.6（q，C—28），16.3（q，C—19），12.0（q，C—18）。以上数据与文献报道一致，故鉴定化合物1为麦角甾醇。

化合物2：$C_3H_5NO_4$，无色晶体；ESI-MS（m/z：117［M-H］$^-$）；^{1}H 核磁共振波谱（CD_3OD，400 MHz）δ_H：4.68（2H，m），2.96（2H，m）；^{13}C 核磁共振波谱（CD_3OD，100 MHz）δ_C：173.5（s，C—3），71.0（t，C—1），31.7（t，C—2）。以上数据与文献报道一致，故鉴定化合物2为3-硝基丙酸。

化合物3：$C_{18}H_{24}O_5$，黄色胶状，ESI-MS *m/z*：321[M + H]$^+$；^{1}H-核磁共振波谱（CD_3OD，600 MHz）δ_H：6.85（1H，td，*J*= 7.5,1.4Hz，H-3），5.78（1H，d，*J*= 1.1Hz，H-8），4.75（1H，s，H-6），3.29（1H，t，*J*= 1.3Hz，H-10），2.25（2H，q，*J*= 7.1Hz，H-13），1.88（3H，s，H-18），0.93（3H，t，*J*= 6.9 Hz，H-17）；^{13}C 核磁共振波谱（150MHz，CD_3OD）δ_C：197.0（s，C—9），171.0（s，C—1），155.8（s，C—7），142.5（d，C—12），136.0（d，C—3），132.9（s，C—2），130.4（d，C—11），122.2（d，C—8），65.7（d，C—6），65.6（s，C—5），59.4（d，C—10），34.7（t，C—13），32.8（t，C—15），31.3（t，C—4），29.7（t，C—14），23.7（t，C—16），14.5（q，C—17），13.1（q，C—18）。以上数据与文献报道一致。

化合物4：褐色油状，$[\alpha]_D^{25}$ = – 23.0（*c* = 0.19，MeOH）；UV（MeOH）λ_{max}（logε）：285（4.31），204（4.20）；核磁共振波谱数据见表5；ESI-MS：357 [M + H]$^+$，359 [M +2+ H]$^+$，379 [M + Na]$^+$，381 [M +2+ Na]$^+$；HR-ESI-MS：379.1284（[M + Na]$^+$，calc. 379.1288）。

化合物5：褐色油状，$[\alpha]_D^{25}$ = –7.7（*c* = 0.12，MeOH）；UV（MeOH）λ_{max}（logε）：317（3.82），217（4.52）；核磁共振波谱数据见表6；ESI-MS：337 [M - H]$^-$，339 [M + 2 - H]$^-$；HR-EI-MS：338.1285（[M]$^+$，calc. 338.1285）。

化合物 6：褐色油状，$[\alpha]_D^{23}$ = – 47.0（c = 0.33，MeOH）；UV（MeOH）λ_{max}（logε）：292（4.10），206（4.25）；核磁共振波谱数据见表 7；ESI-MS：349 $[M - H]^-$；HR-ESI-MS：349.1658（349 $[M - H]^-$，calc. 349.1651）。

化合物 7：$C_{28}H_{50}O_4$，无色晶体；ESI-MS m/z：473 $[M + Na]^+$；^1H 核磁共振波谱（C_5D_5N，400 MHz）δ_H：6.91（1H，dd，J = 1.1，9.4Hz，H-5），5.98（1H，d，J = 1.5Hz，H-13），5.79（1H，d，J = 1.4 Hz，H-9），3.45（1H，dd，J = 3.4，7.9 Hz，H-15），2.70（1H，m，H-6），2.69（1H，m，H-10），2.68（1H，m，H-14）；^{13}C 核磁共振波谱（C_5D_5N，100 MHz）δ_C：202.0（s，C—3），146.8（d，C—5），137.9（s，C—4），137.3（s，C—8），136.6（s，C—12），132.1（d，C—9），131.1（d，C—13），82.2（d，C—11），81.9（d，C—7），77.4（d，C—15），42.0（t，C—17），38.1（d，C—6），36.7（d，C—10），36.4（d，C—14），32.6（d，C—18），31.7（d，C—16），30.5（t，C—2），29.7（t，C—19），19.9（q，C—28），18.4（q，C—24），18.0（q，C—22），17.2（q，C—26），14.3（q，C—27），12.7（q，C—21），12.1（q，C—23），11.9（q，C—25），11.6（q，C—20），9.1（q，C—1）。以上数据与文献报道一致，故鉴定化合物 7 为 Pestalpolyols A。

化合物 8：无色晶体，$[\alpha]_D^{23}$ = + 18.6（c = 0.24，MeOH）；UV（MeOH）λ_{max}（logε）：203（4.25）；核磁共振波谱数据见表 8；ESI-MS：389 $[M + Na]^+$；HR-ESI-MS:389.2671（$[M + Na]^+$，calc. 389.2668）。

化合物 9：无色粉末，$[\alpha]_D^{23}$ = + 12.3（c = 0.12，MeOH）；UV（MeOH）λ_{max}（logε）：202（4.27）；核磁共振波谱数据见表 9；ESI-MS：487 $[M + Na]^+$；HR-ESI-MS：487.3400（$[M + Na]^+$，calc. 487.3399）。

化合物 10：$C_{25}H_{42}O_4$，无色晶体，ESI-MS m/z：429 $[M + Na]^+$；^1H 核磁共振光谱（C_5D_5N，600 MHz）δ_H：6.98（1H，d，J = 9.4Hz，H-5），5.88（1H，d，J = 9.3Hz，H-9），5.82（1H，d，J = 9.0Hz，H-13），5.58（1H，q，J = 6.5Hz，H-17），4.25（1H，d，J = 7.6Hz，H-7），4.22（1H，d，J = 7.3Hz，H-11），4.03（1H，d，J = 8.4Hz，H-15），3.07（1H，m，H-6），2.99（1H，m，H-10），2.92（1H，m，H-14），2.73（2H，q，J = 7.2Hz，H-2），2.04（3H，s，H-19），1.94（3H，s，H-21），1.93（3H，s，H-23），1.78（3H，s，H-25），1.61（3H，d，J = 6.5 Hz，H-18），1.14（3H，d，J = 6.6 Hz，H-22），

1.09（3H，t，$J=6.0$ Hz，H-1），1.09（3H，t，$J=6.0$ Hz，H-20），1.00（3H，d，$J=6.7$ Hz，H-24）；^{13}C 核磁共振波谱（C_5D_5N，150MHz）δ_C：202.6（s，C—3），147.5（s，C—5），138.8（s，C—16），138.3（s，C—12），137.5（s，C—8），137.0（d，C—4），132.9（d，C—9），132.0（d，C—13），121.8（d，C—17），83.2（d，C—15），82.7（d，C—7），82.6（d，C—11），38.6（d，C—6），37.0（d，C—10），37.0（d，C—15），30.9（t，C—2），18.8（q，C—22），18.6（q，C—24），17.6（q，C—20），13.6（q，C—18），12.9（q，C—21），12.5（q，C—23），12.3（q，C—19），11.6（q，C—25），9.5（q，C—1）。以上数据与文献报道一致，故鉴定化合物 10 为 Pestalpolyols B。

化合物 11：无色粉末，$[\alpha]_D^{23}=+6.9$（$c=0.30$，MeOH）；UV（MeOH）λ_{max}（$\log\varepsilon$）：202（4.43），237（4.18）；核磁共振波谱数据见表 10；ESI-MS：485 $[M+Na]^+$；HR-ESI-MS：485.3249（$[M+Na]^+$，calc. 485.3243）。

化合物 12：无色粉末，$[\alpha]_D^{23}=+12.3$（$c=0.16$，MeOH）；UV（MeOH）λ_{max}（$\log\varepsilon$）：231（3.77），202（3.98）；核磁共振波谱数据见表 11；ESI-MS：471 $[M+Na]^+$; HR-ESI-MS：471.3451（$[M+Na]^+$，calc. 471.3450）。

化合物 13：$C_{28}H_{44}O_4$，白色粉末，ESI-MS m/z：443 [M - H]；1H 核磁共振光谱（CD_3OD，600 MHz）δ_H：5.58（1H，d，J=1.8Hz，H-7），5. 28（1H，dd，J = 15.3，7.2Hz，H-23），5.22（1H，dd，J = 15.3，7.2 Hz，H-22），3.93（1H，m，H-3），1.00（3H，s，H-19），1.06（3H，d，J = 6.6Hz，H-21），0.96（3H，d，J = 6.8Hz，H-28），0.88（3H，d，J = 6.7Hz，H-27），0.86（3H，d，J = 6.9Hz，H-26），0.69（3H，s，H-18）。^{13}C 核磁共振波谱（150MHz，CD_3OD）δ_C：199.8（s，C—6），165.2（s，C—8），136.8（d，C—22），133.7（d，C—23），121.0（d,C—7），80.3（s，C—5），76.3（s，C—9），68.0（d，C—3），57.5（d，C—17），53.0（d，C—14），46.4（s，C—13），44.5（d，C—24），42.9（s，C—10），41.9（d，C—20），37.3（t，C—4），36.3（t，C—12），34.5（d，C—25），31.1（t，C—2），29.4（t，C—11），29.3（t，C—16），26.8（t，C—1），23.6（t，C—15），21.7（q，C—21），20.7（q，C—19），20.6（q，C—27），20.3（q，C—26），18.4（q，C—28），12.7（q，C—18）。以上数据与文献报道一致，故鉴定化合物 13 为 3β,5α,9α- 三羟基 -（22E,24R）- 麦角甾 -7,22- 二烯 -6- 酮。

4.2.4 结论与讨论

本研究从菌株PG52中一共分离得到13个化合物，其中化合物4、5、6、8、9、11、12为新化合物。化合物1、2、3、7、10、13为已知化合物，结构如图4–5所示。从实验结果可以看出，拟盘多毛孢中新化合物数量多，在天然产物开发和利用中具有极大潜力。为进一步验证化合物的生物活性，本研究在接下来的实验中测定了非甾体和有机酸类的其他化合物的抗肿瘤活性，以确定拟盘多毛孢在天然产物开发和利用中的价值。

4.2.5 部分化合物抗肿瘤活性测试

4.2.5.1 供试化合物及试剂

供试化合物：化合物3、化合物4、化合物5、化合物6、化合物7、化合物8、化合物9、化合物10、化合物11、化合物12。

阳性对照：顺铂（MW300）；紫杉醇。

供试试剂：S-癸基硫化甲烷磺酸酯（噻唑蓝类似物）。

4.2.5.2 检测原理与方法

抗肿瘤活性用噻唑蓝比色法测定：肿瘤细胞在96孔板中，用浓度为0.064μM、0.32μM、1.6μM、8μM和40μM的化合物处理，48h后，向其中加入0.1mg S-癸基硫化甲烷磺酸酯，使其最终浓度为20%。处理后，在37℃下培养4h，最后通过分光光度法测定其在490nm下的吸光值。最后IC_{50}值通过浓度效应生长曲线计算确定。检测以顺铂和紫杉醇作为阳性对照，由昆明植物研究所分析测试中心测定。

4.2.5.3 结果与分析

本研究测定了化合物3-12对HL-60、SMMC—7721、A-549、MCF-7和SW480等5种人体肿瘤细胞株的IC_{50}值，结果见表4–18。从表4–18中可以看出化合物5、化合物6和化合物8在浓度小于40μM时为对5株肿瘤细胞无活性；化合物 3、化合物 4 和化合物 7 对 5 种肿瘤细胞均有活性，其中化合物 3 对这 5 种肿瘤细胞的 IC_{50} 值分别为 18.99μM、17.68μM、18.28μM、21.67μM 和 12.27μM；化合物 4 对这 5 种肿瘤细胞的 IC_{50} 值分别为 17.96μM、17.64μM、12.87μM、24.36μM 和 15.30μM；化合物 7 对这 5 种肿瘤细胞的 IC_{50} 值分别为 10.41μM、11.29μM、2.30μM、13.76μM 和 12.42μM；化合物 11 对 HL-60、SMMC—7721、A-549 和 MCF-7 等 4 种肿瘤细胞有活性，其 IC_{50} 值分别为 14.60μM、27.46μM、11.83μM 和 18.50μM；化合物 12 对 HL-60、A-549 和 MCF-7 等 3 种肿瘤细胞有活性，其 IC_{50} 值分别为 22.85μM、8.05μM 和 38.89μM；化合物 9 和化合物 10 对 A-549 有活性，其 IC_{50} 值分别为 10.58μM 和 11.45μM。

表 4-18　10 个化合物对 5 株肿瘤细胞的 IC_{50} 值

化合物名称	白血病 HL-60	肝癌 SMMC-7721	肺癌 A-549	乳腺癌 MCF-7	结肠癌 SW480
化合物 3	18.99	17.68	18.28	21.67	12.27
化合物 4	17.96	17.64	12.87	24.36	15.30
化合物 5	＞40	＞40	＞40	＞40	＞40
化合物 6	＞40	＞40	＞40	＞40	＞40
化合物 7	10.41	11.29	2.30	13.76	12.42
化合物 8	＞40	＞40	＞40	＞40	＞40
化合物 9	＞40	＞40	11.45	＞40	＞40
化合物 10	＞40	＞40	10.58	＞40	＞40
化合物 11	14.60	27.46	11.83	18.50	＞40
化合物 12	22.85	＞40	8.05	38.89	＞40
顺铂（MW300）	1.24	7.14	6.30	17.65	13.50
紫杉醇	＜0.008	＜0.008	＜0.008	＜0.008	＜0.008

4.2.5.4 结论和讨论

从上述实验结果可以看出，化合物 3、化合物 4 和化合物 7 对这 5 种肿瘤细胞均有活性，说明这 3 个化合物具有广谱的抗肿瘤活性；化合物 11 和化合物 12 虽然不是对所有的测试的肿瘤细胞都有活性，但也能在一定的浓度下对大部分肿瘤细胞的生长进行抑制，说明这 2 种化合物也具有一定的广谱抗肿瘤活性；而化合物 9 和化合物 10 仅对 A-549 有活性，说明这 2 个化合物对肿瘤细胞的抑制有选择性和专一性。通过与阳性对照进行比较，可以发现化合物 7 在对 A-549、MCF-7 和 SW480 的活性优于顺铂，说明该化合物在抗肿瘤药物研究和应用上有一定的潜在价值。通过对有活性的化合物对 5 种肿瘤细胞的活性比较发现，化合物 4、化合物 7、化合物 9、化合物 10、化合物 11 和化合物 12 均对 A-549 有活性，并且活性均高于对其他肿瘤细胞的活性，说明这些化合物在 A-549 细胞上有特异性的作用位点，该结果为今后的研究奠定了一定的基础。

4.2.5.5 研究展望

本研究将重寄生拟盘多毛孢菌 PG52 在改良 Fries 培养基上发酵 30L，从其次生代谢产物提取物中分离鉴定了 13 个化合物，并对非甾体类和非有机酸类的 10 个化合物进行了抗肿瘤活性测试。结果显示，除化合物 5、化合物 6 和化合物 8 没有抗肿瘤活性以外，其余化合物均表现出不同程度的抗肿瘤活性。并且化合物 7 的 IC_{50} 在与阳性对照（顺铂）比较后，发现该化合物具有一定的应用潜力。

随着社会的日益发展，各种问题层出不穷，现如今为了解决人类活动过程中造成的各种不良后果，人们一直都在寻求可持续的发展方式。植物病害防治在农业生产中显得尤为重要，重寄生菌被发现以来，一直是生物防治上的研究热点之一。但是重寄生菌在用于生物防治时对环境需求高，能应用于生产的很少，以至于许多重寄生菌仅仅只是被人们发现，但其并未被深入研究。本研究不仅仅分离出了石楠叶锈重寄生拟盘多毛孢，并对其次生代谢产物进行了系统分离和鉴定，同时对化合物进行了抗肿瘤活性测试。本研究分离鉴定出的化合物主要分属于三大类：甾体类、氨基丁酸类和多酚类。在查阅文献对这些次生代谢产物的结构与前人的研究结果相比较后，发现虽然已有人分离得到了氨基丁酸，但是本研究中得到的这几个氨基丁酸类在结构上与前人分离到的化合物差别明显，其六元环上基团连接位置发生了很大的改变，取代基的种类也比前人报道多，并且六元环的结构多样性也较报道多。目前，发现的除了已知的半醌结构外还有其被氧化为苯环的结构，说明了重寄生拟盘多毛孢产生的相关酶与其他拟盘多毛孢存在差异；而多酚类化合物并未出现在前人的研究报道中，是一类比较新型的直链化合物，该结果说明重寄生拟盘多毛孢由于生境不同产生的次生代谢产物与内生或病原拟盘多毛孢有显著的差异，同时也表明其具有产生结构新颖的化合物的潜力和可能性。最后，通过测定这些新型的次生代谢产物的活性后，发现这些化合物抗肿瘤活性较好；其活性在与前人的研究进行比较后，发现前人分离到的氨基丁酸类化合物具有抗真菌的活性，而没有抗肿瘤活性。而本研究中分离到的该类化合物则具有抗肿瘤活性。通过结构比较发现，重寄生拟盘多毛孢产生的氨基丁酸类化合物因为基团连接位置发生的改变，造成了其活性位点发生了变化，说明重寄生拟盘多毛孢具有作为资源微生物开发的潜质。因此，尽管大部分重寄生菌目前无法直接用于生物防治，但是重寄生菌作为一种特殊的微生物资源，具有很好的药物开发应用前景。

参考文献

[1] ADDO J K, TEESDALE-SPITTLE P, HOBERG, J O. Synthesis of 3-nitropropanol homologues[J]. Synthesis-Stuttgart, 2005, 12: 1923-1925.

[2] PAN X F, YANG M, JIANG L, et al. Studies on chemical constituents of Paecilomyces hepiali[J].Fungal Research ,2013, 11（2）: 72-77.

[3] JIN X, JING L, JI Z P, et al. Two new ambuic acid analogs from *Pestalotiopsis* sp. cr013[J]. Phytochemistry Letters, 2014, 10: 291-294.

[4] JING L, JIN X, JI Z P, et al. Pestalpolyols A-D, Novel Polyketides from *Pestalotiopsis* sp. cr013[J]. Planta Medica 2014, under review.

[5] LIU T, LI Z L, WANG Y, et al. Secondary Metabolites from Marine Fungus *Fusarium* sp.[J]. Nat. Prod. Res. Dev., 2012, 24: 1047-1050.

[6] 李靖．茶藨生柱锈寄生菌次生代谢产物及对锈孢子作用的研究 [D].

北京：中国科学院大学，2015.

[7] 谢津. 石楠叶锈重寄生拟盘多毛孢的分离鉴定及次生代谢产物研究[D]. 昆明：西南林业大学，2016.